BLOCK CHAIN
区块链去中心化指数研究
计算方法、技术及其数字经济意义

谢 涛　朱嘉明　陆寿鹏　著

电子工业出版社
Publishing House of Electronics Industry
北京·BEIJING

内 容 简 介

如何通过量化工具并引入去中心化指数概念和计算方法，以评估区块链网络去中心化水平，成为当务之急。本书针对区块链网络基本特征——去中心化的量化评估问题，提出去中心化指数概念，并对其计算方法与评估技术开展研究，最后分析了去中心化指数的数字经济学意义。

本书从现存数字经济模式问题、区块链经济学基础、罗尔斯正义原则和区块链经济存在的问题等方面展开分析，提出可以客观定量评估区块链网络公平性、安全性和共识性程度的去中心化指数；针对区块链网络存在的三角困难问题介绍我们提出的系列原创性解决方案，提出可以对这些解决方案的先进性进行量化评估的区块链三角指数，包括去中心化指数；分别从去中心化指数的定义、研究方法、指数公式推导和指数的具体计算方法等方面阐述了区块链去中心化指数，对区块链去中心化指数开展实证分析，并发现重要的区块链网络参数与市场参数的相关性。此外，阐释了去中心化指数的价值与意义。

本书团队构建的网站不仅属于本书部分技术实践内容，还可以为读者和区块链行业提供评估服务。

未经许可，不得以任何方式复制或抄袭本书之部分或全部内容。
版权所有，侵权必究。

图书在版编目（CIP）数据

区块链去中心化指数研究：计算方法、技术及其数字经济意义 / 谢涛，朱嘉明，陆寿鹏著. —北京：电子工业出版社，2022.6
ISBN 978-7-121-43506-5

Ⅰ．①区… Ⅱ．①谢… ②朱… ③陆… Ⅲ．①区块链技术-研究 Ⅳ．① TP311.135.9

中国版本图书馆 CIP 数据核字（2022）第 086758 号

责任编辑：章海涛
印　　刷：天津千鹤文化传播有限公司
装　　订：天津千鹤文化传播有限公司
出版发行：电子工业出版社
　　　　　北京市海淀区万寿路 173 信箱　　邮编：100036
开　　本：787×1 092　1/16　　印张：11.5　　字数：276 千字
版　　次：2022 年 6 月第 1 版
印　　次：2022 年 6 月第 1 次印刷
定　　价：128.00 元

凡所购买电子工业出版社图书有缺损问题，请向购买书店调换。若书店售缺，请与本社发行部联系，联系及邮购电话：(010) 88254888，88258888。

质量投诉请发邮件至 zlts@phei.com.cn，盗版侵权举报请发邮件至 dbqq@phei.com.cn。
本书咨询联系方式：192910558（QQ 群）。

前　言
——对区块链网络去中心化指数的经济史解读

区块链网络去中心化指数，不但对区块链网络经济和行业监管具有旗帜鲜明的指导意义，而且具有深厚的人文历史和经济史内涵。这里要回顾和阐述的是为什么人类从农业社会、工业社会到信息社会，社会运行的底层逻辑发生了去中心化到中心化再回归去中心化的变迁过程。区块链的真正历史地位在于为信息社会提供了实现去中心化运行的思想原则和技术工具。

（一）

人类经历了漫长的农业社会。直到今天，没有农业社会的农业仍然是人类生存与发展的基础，也是第一产业中的最重要的经济部门。农业社会的农业属于传统农业，不论是中国家庭式的传统农业，还是西欧封建庄园制的传统农业，都属于自然经济或者自给自足经济，都可以概括为 5 个长期性特征：① 农业技术长期不变，技术资源以基于世代积累的经验和人力、畜力、手工工具、铁器等为主；② 农业生产要素的需求和供给长期处于均衡状态；③ 农产品劳动生产率长期低下，过度依赖有限的自然条件；④ 农业基于家庭内部分工的劳动模式长期不变；⑤ 农业生产方式长期稳定。

事实上，传统农业社会的核心特征是：家庭成为社会组织和经济组织的基本单元，支持去中心化的农业生产要素组合、投入产出和市场交易，即使主流的货币市场行为，也是民间主导的去中心化模式。所以，建立在传统农业经济基础之上的社会和政治体系不可避免始于去中心化。在中国，长达近 8 个世纪的周朝（公元前 1046 年—公元前 256 年）是第一个跨氏族的族群国家，其政治架构就是去中心化的诸侯封建体制。在新中国成立之前，我国长期处于"分久必合，合久必分"的政权更替之中，是一个去中心化和中心化的循环迭代过程。中心化的极端状态就是秦帝国的中央集权制度。但是，政治上的高度集权一般意味着社会衰落的开始，于是集权和衰落便成为一个铜币的两面。古希腊城邦国家也提供了近似的历史现象。从公元前 8 世纪开始，在小亚细亚西海岸和希腊各地，一些以城市为中心的小国构成古希腊城邦，创造了辉煌的古希腊文明。最重要的两个城邦就是雅典和斯巴达。但是，因为马其顿国王亚历山大大帝的征服，这些城邦被纳入中央集权管辖，丧失了政治独立，瓦解了公民集体，导致古希腊文明终结。

概括地说，在传统农业时代，经济活动和社会生活高度去中心化，而政权治理是周期式去中心化。

（二）

18 世纪 60 年代，英格兰中部地区开始成为工业革命的发源地。工业革命的标志性事件是瓦特蒸汽机的发明和推广，引发了包括煤炭、铁和钢在内的能源和材料的技术革命，实现了机器取代人力、大规模工厂化生产取代工场手工业的生产方式转型。英国是最早开始工业革命也是最早结束工业革命的国家。工业革命从英国传播到欧洲大陆，19 世纪进入北美，最后进入亚洲。

现在要讨论的是，工业时代的去中心化和中心化是以怎样的模式发展和演变的？在工业生产领域，厂家拥有产品设计与制造的绝对权力，通过机器生产、产品标准和规格化，实现同质性规模生产和规模效益，形成供给方规模经济。唯有如此才能降低产品成本，实现利润最大化。由此派生的工厂和生产线模式导致了生产活动的中心化，甚至高度中心化。生产规模的扩大，意味着需要更为强化的中心化。工业时代的经济组织通常采用公司制（corporation），实行自上而下的层级结构，股东控制的董事会是决策中心。商业领域经历了从古典自由竞争到垄断和寡头的转变，这个过程也是一个去中心化与中心化的博弈过程。

工业时代的社会和政治领域的主流模式是多党制，大众民主政治取代精英民主政治。但是，大工业也可以与计划经济制度有效结合，并导致国家和政府权力的极端膨胀，以致霍布斯描述的《利维坦》最终成为现实。

总之，工业革命以来，去中心化和中心化进入交叉互动的历史阶段。这样的情况在世界主要工业发达国家（或地区）都得到了充分展现。

（三）

1973 年，美国哈佛大学教授丹尼尔·贝尔（Daniel Bell，1919—2011）出版《后工业社会》一书，提出和阐述了"后工业社会"概念。工业社会是人类对自然界的依赖减少，能源代替体力，依靠技术和机器从事大规模生产的社会，其经济主要由制造业、交通运输业和商业等部门构成。后工业社会是工业社会进一步发展的产物，人类依赖的是知识和信息，致力于发展服务业。后工业社会又被称为"知识社会"。事实上，自 20 世纪 70 年代开始，世界主要发达国家开始进入"后工业社会"。20 世纪 80 年代，伴随信息技术革命和互联网的兴起，人们意识到"后工业社会"不仅是"知识社会"，更是"信息社会"。

因此，"后工业社会"概念已经过时。不管农业社会还是工业社会，信息社会都与之存在明显的差别。农业社会和工业社会的经济基础是基于物质资源的物质生产。在信息社会中，信息、知识成为重要的生产力要素，与物质一起构成社会赖以生存和发展的三大资源，其中信息处于主导地位，开发和利用信息资源的活动成为国民经济活动的主要内容。简言之，信息社会的是以信息经济为基础的，而信息经济由信息技术驱动。

为此，我们需要认知信息的性质和特征。信息论的奠基人香农（Claude Elwood Shannon，1916—2001）提出，"信息是用来消除随机不确定性的东西"。控制论创始人维纳（Norbert Wiener，1894—1964）认为，"信息是人们在适应外部世界，并使这种适应反作用于外部世界的过程中，同外部世界进行互相交换的内容和名称。"不论如何定义信息，信息资源、信息采集和加工的多样性，以及非标准化、信息的指数增长模式、信息供给和需求的结构性失衡等特征，决定了信息经济和信息社会的去中心化，与中心化不具有天然的关联性。从宏观角度，信息社会愈加成熟和发达，去中心化需求和程度就愈高，建立信息垄断系统就愈加困难。自 20 世纪 90 年代至今，信息社会发展与互联网演变紧密融合，信息社会与互联网社会几乎成为同一概念。

2005 年，新闻工作者出身的托马斯·弗里德曼（Thomas L. Friedman）撰写的《世界是平的》（The World is Flat）一书出版。该书的核心思想是：在"超级连接"（Hyper-connected）的世界，每个角落、每个人都被织进一张越来越紧密联系的网络。全球几十亿进入互联网的个人突然拥有了惊人的力量，可以在全球范围内沟通、竞争与合作，并且重要的是，不只存在于国家之间、企业之间。个体的影响力被成倍放大，建立在互联网基础之上的世界就是一个"扁平世界"。

在一个因为网络伸展而不断扩张的"扁平世界"，在"梅特卡夫定律"（Metcalfe's law）的作用下，社会和世界将不断强化去中心化倾向。

（四）

如果从理想主义出发，在进入信息技术时代后，人们的理想是建设一个具有对等身份的去中心化的自由互联网络，削弱各种形式的强权、集权和垄断，找回个体的自由与权利，改善社会资源和财富分配。但是，事实并非如此。信息化、网络化和全球化强化了资本的力量，互联网甚至发生背离初衷的"异化"。这是因为，互联网协议只是一种通信协议，节点之间不具有博弈均衡机制，因而很快发展为充满信息霸权主义的中心化的信息服务网络，互联网出现了不对称的隐私利用、平台垄断与数据信任等不公平、不公正问题和日益严重的网络安全问题。互联网时代的危机终于爆发，并导致破坏性后果。

第一个标志性事件是互联网泡沫的破裂。NASDAQ 指数从 1999 年 10 月的 2700 点爆炸性涨到 2000 年 3 月 10 日的 5048.62 点。3 月 15 日，数天内跌到 4580 点，损失将近 900 点。

第二个标志性事件是 2008 年的世界金融危机，股市暴跌，资本外逃，金融机构大量破产倒闭，官方储备大量减少，货币大幅度贬值和通胀，以及普遍的偿债困难。

这两次事件都造成了民众财富不可估量的损失。

正是在 2008 年世界金融危机的关键时刻，2008 年 11 月 1 日，署名中本聪（Satoshi Nakamoto）的文章《比特币：一种点对点的电子现金系统》在 P2P foundation 网站上发布，比特币就此问世。2009 年 1 月 3 日，比特币创世区块诞生，这是重要的历史拐点。因为比特币是去中心化的货币形态，比特币去中心化的技术保障是区块链。从此，区块链开始进入人们的视野。区块链具有去中心化、去第三方（中间方）、去信任、匿名、透明、开放、可追溯、分布式和不可篡改等特点。但是，区块链网络的本质技术特征是去中心化，否则区块链网络的其他特点都将成为无源之水，不可能是独立、安全、可靠的存在。也就是说，区块链提供了实现去中心化的技术支持，区块链已经成为去中心化技术的同义语。

区块链网络就是去中心化的分布式网络，任何没有实现去中心化的网络都不是区块链网络。区块链网络的去中心化功能体现如下。

(1) 自组织功能

区块链网络技术在分布式对等网络节点之间,通过某种代价与收益的博弈均衡建立一种共识机制,使得遵守这种共识机制的节点通过某种能力证明,彼此竞争对等网络中对收益和交易的记账机会或权力,从而形成一种分布式自治组织,进而创造和执行多种组织规则系统。

(2) 制度性功能

区块链网络的参与者按照共识机制运行,节点不需信任任何一方,也不需为任何一方所信任。区块链网络参与者既能彼此独立又能匿名互信,参与者具有对等身份,参与者对属于自己的资产具有绝对控制权。在经济形态意义上,可以认为区块链网络是一种分布式"资本主义"。

(3) 合作模式功能

区块链通过共识机制和分布式自治网络,支持经济层面和社会层面的组织与机制创新,其中包括智能合约和 DAO（Decentralized Autonomy Organization,分布式自治组织）。比特币网络是第一个通过工作量证明机制（Proof-of-Work, PoW）实现对等网络的分布式共识记账系统,"一 CPU 一票"是一个人类合作理想模式的实验。现在,DAO 代表的自组织模式正广受关注,DAO 需要区块链作为信息和价值的基础设施。

(4) 安全功能

去中心化意味着实现技术权力分散,权力越分散,系统越安全。

(5) 基础设施功能

区块链网络将成为实现去中心化的数字经济的信息基础设施。

区块链经过十余年的持续创新,不仅经历了有效支持数字货币、数字资产与智能合约的应用和发展阶段,还与跨界支付、金融科技、证券交易、电子商务、物联网、社交通信、文件存储、存证确权、股权众筹、NFT（Non-Fungible Token,非同质通证）建立了互动关系,进而推动数字经济从没有区块链元素到以区块链为基础技术结构的数字经济,或者说,区块链经济更新了传统数字经济。在这样的历史过程中,区块链开始实践对互联网中的价值信息和字节进行产权确认、计量和存储,以及实施基于区块链的资产追踪、控制和交易,区块链 2.0 开始向具有价值互联网内核的区块链 3.0 转型。

区块链 3.0 与数字经济的融合有助于去中心化分布式数字经济的成长,在最小化社会成本和最大化社会效益前提下,通过构建广泛的底层价值共识和高效的分布式应用创新的有效合作机制,实现最广泛的价值共识和价值流动,使得数字经济具有分享经济和"人民性"特征,数字金融具有"普惠性"特征,创建民众机会公平性制度,缩小社会收入与财富分配的差距。

简言之,区块链技术和加密经济已经演变为颠覆传统商业运行与社会治理模式的新技术范式,不仅支持了区块链经济的发展,还推动了区块链组织与区块链社会的形成,必将深刻影响人类文明发展的方向。

（五）

但是,在区块链网络的发展和应用过程中,不同类型的区块链应运而生,基本上可分为私有链、联盟链和公有链。其中,公有链数以万计,国内联盟链多如牛毛。各类区块链的去中心化程度关系到公有链与联盟链的价值之争、数字经济的公平正义与效率之争以及区块链经济与传统经济的范式转换之争。于是，如何超越区块链定性范畴的局限，寻找一种不仅符合区块链技术的本质特征，又可以衡量区块链的去中心化程度的量化指标，成为区块链发展过程中亟待解决的理论与标准问题。

于是，建构区块链网络去中心化指数体系，定量评估实际在线的所有区块链的去中心化程度，客观定量衡量现有区块链的性能与优劣，就成为一种必然的历史选择。这是因为，无论是公有链还是联盟链，去中心化程度越高，分布式账本的数据就越可靠，系统的安全性就越高；同时，共识机制就越公平、稳定和节能，区块链经济也就越公平，共识价值也就越高。反之，去中心化程度越低，系统越容易遭受共谋攻击，账本数据就越容易被篡改，同时造成数字资产持有的极化分布，也将导致数字资产金融市场的极度投机性，并进一步影响传统金融的系统安全性。

区块链网络的公平性就是由共识机制决定的网络去中心化程度。区块链网络去中心化指数的意义包括：直接度量所有区块链参与节点对分布式账本记账权力或机会分配的均匀程度，并通过区块链分布式账本中所有节点出块数量的分布与实际对等网络节点的数量，计算任何区块链的去中心化程度，统一真伪区块链的认知标准，有助于区块链行业的共识机制设计和管理，消除区块链行业内长期存在的公有链与联盟链概念之争，促进区块链产业向安全、公平、节能、真正去中心化方向发展。区块链网络去中心化指数作为分布式网络的共识指数，也就是评价区块链网络的客观标准，有助于避免可能形成和固化的数字资本垄断。去中心化指数作为评估区块链网络基本特征的技术标准，有助于指导区块链网络的技术创新方向，有助于突破区块链网络去中心化、可扩展性与安全性的"困难三角"瓶颈。

由于区块链产业政策的不一致，各国发展区块链技术及其产业的路线出现较大分歧。国外主要以公有链技术研发和区块链生态社区建设为主，强调去中心化主链与平行工作链（侧链）之间的分工与合作技术研究，重点解决异构多链网络的高效分片共识体系与跨链最终原子性协议。我国政策完全导向联盟链技术，2021年国家"十四五"规划强调以联盟链为区块链产业发展的重点方向，对加密数字货币行业则实行严厉监管，主张发展区块链服务平台和金融科技、供应链管理、政务服务等领域的应用方案，完善监管机制。因此，区块链网络去中心化指数还有助于政府对区块链产业实施有效的技术监管与正确的市场引导。

（六）

广义上，任何两个数值对比形成的相对数都可以称为指数；狭义上，指数是用于测定多个项目在不同场合下综合变动的一种特殊相对数。在传统经济领域，指数是一个统计量。进入20世纪，指数与经济发生了融合，经济学一般采用一些指数从宏观上评估一个国家或地区在一段时间之内的社会发展或总体经济状况，从而推动了指数理论和指数编制的学术研究与实践。指数理论方面的进展主要集中在随机指数理论、指数检验理论和经济指数理论方向。在指数编制实践方面，主要集中在经济领域，最为熟知的包括国内生成总值（Gross Domestic Product，GDP）增长指数、消费价格指数（Consumer Price Index，CPI）、生产者价格指数（Producer Price

Index，PPI)、进口和出口价格指数、购买力评价指数（Purchasing Power Parity，PPP）等。

事实上，经济指数历史源远流长。在古埃及，录事已经开始记载个别物品价格，如"计算了这些价格的比值即个别物价指数"，"从某种意义上，物价总指数的产生就标志着真正的物价指数理论的开始，从而也是一般指数理论的开端"。1675年，英国学者瓦汉（Rice Vaughan）出版《铸币及货币铸造论》(*A Discourse on Coins and Coinage*) 一书，比较了谷物、家畜、鱼、布和皮革等商品在1352年与1650年的物价水平，开启经济指数实证理论研究，到现在全球已经形成了丰富的经济指数体系。但是，将指数理论和经济指数实践用于区块链还处于开创性阶段。这是因为，区块链技术与区块链经济的历史过于短暂，统计数据的质量和规模还处于早期阶段。

因此，设计区块链网络去中心化指数，在理论和方法方面需要：① 借用已经比较成熟的传统经济研究的框架和方法，引入"基尼系数"作为参照系统；② 通过比特币、以太币和莱特币等数字货币的相关数据，实现去中心化网络经济的实证分析；③ 从去中心化指数与其他参数的关联分析中，发现去中心化网络经济中可能存在的若干定量关系。

数字经济的发展方向是去中心化运动，消除中心化或对第三方的权威信任，去中心化指数就是区块链网络中关于数字资产的价值共识。经过实际的区块链网络去中心化指数计算，当前比特币、以太币和莱特币的去中心化指数值均低于人们的想象和预期，表明当前主流区块链的去中心化程度始终在低水平徘徊，存在极高的技术安全风险，不能代表未来区块链经济与数字货币发展的正确方向，可能影响和威胁数字经济发展和数字金融的稳定性。因此，当前区块链网络亟待共识机制体系升级，维护基于"多数决定少数"的共识原则的区块链安全性，发展新一代去中心化的分布式数字经济，实现最大价值共识。

最后，需要强调，关于区块链的去中心化的认知的共识还存在很多问题。例如，从一个中心变成所谓多个中心后，算不算去中心化？比特币网络是不是去中心化的？所有靠专业矿机维持算力的公链是不是去中心化的？基于权益证明机制（Proof of Stake，PoS）或代理权益证明机制（Delegated Proof of Share，DPoS）的区块链网络是不是去中心化的？进一步，诸如IBM超级账本（Hyperledger Fabric）之类的联盟链是不是去中心化的？基于拜占庭容错（Byzantine Fault Tolerance，BFT）协议的分布式系统到底是不是去中心化的？如何通过提高去中心化程度影响代币价值？如何看待目前已有的去中心化指数代币，如ERC-20代币。

总之，设计区块链网络去中心化指数属于多学科交叉研究的系统工程，涉及统计学、经济学、金融学、政治学、管理科学与分布式复杂系统理论，不仅可以为现代经济学发展提供新的研究内容与新的研究方向，促进经济学的多元发展，也可以为区块链技术发展提供新的理论框架，推动区块链科学合理有序发展，发展区块链经济学。

二〇二二年三月二十日于北京

目 录

第 1 章 区块链经济学 ... 1

1.1 数字经济学 ... 2
1.1.1 数字经济 ... 2
1.1.2 数字经济学 ... 6

1.2 区块链经济学 ... 10
1.2.1 资本主义的宿命——垄断 ... 10
1.2.2 分布式资本主义与区块链经济学 ... 11
1.2.3 区块链经济学的发展方向 ... 14
1.2.4 区块链经济学的目标 ... 17
1.2.5 区块链经济学的问题 ... 19

1.3 区块链在数字经济中的重要地位 ... 26

1.4 社会发展指数与经济指数 ... 27
1.4.1 社会发展指数 ... 27
1.4.2 莫里斯社会发展指数 ... 31
1.4.3 经济指数 ... 36

1.5 区块链经济公平性评估标准——去中心化指数 ... 39

参考文献 ... 42

第 2 章 区块链网络瓶颈问题及其解决方案 ... 43

2.1 区块链技术的历史和现状 ... 44

2.2 区块链共识机制的安全问题 ... 48
2.2.1 PoW 机制的安全脆弱点 ... 49
2.2.2 PoS 机制的安全脆弱点 ... 50
2.2.3 分布式系统一致性 BFT 协议的安全性 ... 54

2.3 公平、安全、稳定、节能的工作量证明算法：智能计算成果量证明 ... 55

2.4 关联约束随机幻方构造 PoI 证明算法 ... 59

2.5 异步并发自适应图链账本共识协议设计——共识协议扩容 ... 63

2.6 基于图链账本分片的跨链共识机制——分片扩容 ... 65
2.6.1 基于分片的共识协议 ... 65
2.6.2 区块链跨链机制 ... 66
2.6.3 图链账本跨链分片机制 ... 67

2.7 分层共识证明区块链网络体系结构——分层扩容 68
2.7.1 区块链网络分层 69
2.7.2 全节点功能一分为二 70
2.8 可扩展的分层分片高性能区块链网络体系结构——复合扩容 72
2.9 区块链二级身份结构及其去中心化交易与监管/仲裁模型 73
2.10 区块链网络三角困难问题的定量评估 77
参考文献 79

第3章 区块链去中心化指数 84
3.1 基尼系数 85
3.2 去中心化指数 86
3.2.1 去中心化指数的定义 86
3.2.2 去中心化指数的研究方法 87
3.2.3 去中心化指数的推导 87
3.2.4 去中心化指数的具体计算 89
3.3 区块链去中心化指数的技术价值 93
3.3.1 区块链去中心化指数的研究目标 93
3.3.2 区块链去中心化指数的研究价值 93
参考文献 94

第4章 去中心化指数实证分析 96
4.1 当前主流区块链去中心化指数分析 97
4.1.1 比特币（公共区块链）当前去中心化指数 97
4.1.2 以太坊（公共区块链）当前去中心化指数 99
4.1.3 莱特币（公共区块链）当前去中心化指数 100
4.1.4 EOS（联盟链）当前去中心化指数 101
4.2 狭义去中心化指数 105
4.3 去中心化指数历史趋势 106
4.3.1 去中心化指数历史趋势 106
4.3.2 链内去中心化指数 109
4.4 去中心化指数与其他参数关联分析 111
4.4.1 去中心化指数增长率 111
4.4.2 去中心化指数与市场相关指标关联分析 114
4.4.3 去中心化指数与网络相关指标关联分析 119
4.4.4 不同区块链网络去中心化指数关联度分析 124
4.5 实证结果分析 125
4.5.1 去中心化程度 125
4.5.2 去中心化趋势 126
4.5.3 去中心化指数关联分析 127
4.5.4 关键时间节点去中心化指数分析 128

第5章	去中心化指数的价值和意义	131
5.1	区块链去中心化指数的价值	132
5.2	定期发布区块链网络去中心化指数	132
5.3	去中心化指数引导区块链经济健康发展	134
5.4	去中心化指数引导数字资产向安全的高价值网络转移	140

第6章	去中心化指数的改进	144
6.1	去中心化指数的小结	145
6.2	去中心化指数的局限和改进	145

附录A	去中心化指数网站使用说明	147
附录B	区块链数据科学研究参考来源	152
后记		161

第 1 章

区块链经济学

1.1 数字经济学

1.1.1 数字经济

1. 数字经济的定义

虽然"数字经济"一词经常见诸各种文章,但至今为止人们对它的确切含义仍然没有达成共识。"数字经济"术语最早出现于20世纪90年代。

1995年,经济合作与发展组织(Organization for Economic Co-operation and Develop-ment, OECD)详细阐述了数字经济的可能发展趋势,认为在互联网革命的驱使下,人类的发展将由原子加工过程转变为信息加工处理过程。

从现有文献看,"数字经济"一词最早出现于美国学者Don Tapscott所著的《数字经济:网络智能时代的前景与风险》(*The Digital Economy: Promise and Peril in the Age of Networked Intelligence*,1996年)一书中。在书中,Don Tapscott描述了计算机和互联网革命对商业行为的影响,虽然没有给出"数字经济"的确切定义,但是用它来泛指互联网技术出现之后诞生的各种新型经济关系。

1998年,美国商务部发布的《浮现中的数字经济》研究报告描述了在信息技术扩散和渗透的推动下,从工业经济走向数字经济的发展趋势,并将数字经济的特征概括为"因特网是基础设施,信息技术是先导技术,信息产业是带头和支柱产业,电子商务是经济增长的发动机"。2000年前,对于经济影响最大的数字技术就是互联网,因此在这一阶段,人们对于数字经济的认识主要是围绕着互联网技术展开的,并且着重强调由其带来的电子商务(e-commerce)和电子业务(e-business)[1]。

例如,曾任美国总统科技事务助理的尼尔·莱恩(Neal Lane)在1999年的一篇论文中将数字经济界定为"互联网技术所引发的电子商务和组织变革"。而美国商务部在一份1999年的报告中也把数字经济理解为"建筑在互联网技术基础之上的电子商务、数字商品和服务,以及有形商品的销售"。在美国人口统计局(US Bureau of the Census)于2001年发布的一份报告中,则把数字经济分为三部分:以互联网为核心的电子基础设施,

---

[1] "电子商务"是指经由互联网技术进行的商品和服务交易,而"电子业务"是指采用互联网技术的业务流程。

以及建筑于其上的电子业务和电子商务。

2000年后，信息与通信技术（Information and Communications Technology，ICT）产业发展迅猛，一大批新的数字技术纷纷涌现，并开始对经济发展产生重大影响。与之对应，"数字经济"的概念也一再扩展，试图将更多新技术的影响也包含进来。

2002年，美国学者Beomsoo Kim将数字经济定义为一种特殊的经济形态，指出数字经济的活动本质为"商品和服务以信息化形式进行交易"。

澳大利亚宽带通信与数字经济部2013年发布了一份报告，将新兴的移动互联网纳入数字经济的范畴，把数字经济定义为"由互联网、移动网络等数字技术赋能的经济和社会活动"。

经济合作与发展组织（OECD）在2016年发布的报告中把数字经济的定义进一步拓宽，将物联网、大数据、云计算等新技术，以及在其之上衍生的经济和社会活动全部纳入数字经济的范畴。同年，《G20数字经济发展与合作倡议》将数字经济界定为，"以使用数字化的知识和信息作为关键生产要素、以现代信息网络作为重要载体、以信息通信技术的有效使用作为效率提升和经济结构优化的重要推动力的一系列经济活动"。

互联网、云计算、大数据、物联网、金融科技与其他新的数字技术应用于信息的采集、存储、分析和共享过程中，改变了社会互动方式。数字经济的概念不是一成不变的，随着数字技术的演进，它的定义会不断拓展，既包括技术本身，更包括技术之上衍生的各种经济活动。

数字经济是继农业经济、工业经济后的更高级经济阶段。对于数字经济而言，数据是要素，网络是载体、融合转型是动力。从范畴上，数字经济涵盖数字产业化和产业数字化两方面。尽管目前人们已经逐步认可数字经济不应该只包含互联网经济，而应该包含更多数字技术衍生出的经济形式，但关于在既有的技术条件下，哪些活动应该被包含进数字经济，哪些活动不应该被包含进数字经济，仍然存在着争议。

为了避免概念的混淆，我们可以将数字经济划分为三个层次。第一层是核心层，包括数字部门本身，用来生产和制造数字技术，是整个数字经济的技术基础。第二层是指由数字经济创造的原本没有的经济形态，包括数字服务和平台经济等。第三层是指被"数字化"的各种经济活动，其范围很广，如电子业务、电子商务、工业4.0等概念都可以纳入其中。此外，还有一些经济形式可能同时涉及以上形式中的两个或两个以上。例如，我们所熟悉的共享经济和零工经济就依托平台作为核心，也对传统业务（包括农业、工业和服务业）进行数字化，因此应该同时属于上述第二层和第三层。

2．数字经济的发展历程

从宏观上分析，数字经济经历了不同的发展历程。信息经济、知识经济、互联网经济是数字经济的前期发展阶段，共享经济和通证经济是数字经济发展的创新阶段。

信息经济又称为资讯经济或 IT 经济，是以现代信息技术为物质基础的信息产业，是基于信息、知识、智力的一种新型经济。

知识经济是与农业经济和工业经济相对应的一个概念，以知识为基础，以脑力劳动为主，主要任务是教育和研究开发，其特征是必须具有高素质的人力资源。

互联网经济是基于互联网产生的经济活动的总和，主要的经济形态包括电子商务、互联网金融、即时通信、搜索引擎与网络游戏等类型。

共享经济是指拥有闲置资源的机构与个人让渡资源使用权给他人，让渡者获得回报，分享者分享闲置资源或利用闲置资源创造社会价值。共享经济本身是一种资源优化配置的经济模式，是基于互联网等现代信息技术支撑，通过技术平台进行供需对接的一种社会运行方式。

通证经济也叫区块链经济和共识经济，是将"通证"充分利用的经济形态，而"通证"是利用"区块链"技术设计出来的"可流通的价值加密数字凭证"，需要具有三个要素：权益、加密与流通。

信息经济强调新经济的物质基础为信息技术，信息产业起主导作用；知识经济强调新经济中知识的作用，但是知识又十分广泛，不是"生产要素"；互联网经济是基于互联网的新经济形式，范围比数字经济相对较小；共享经济强调互联网平台在资源配置中的作用，但难以产生对生产领域的渗透；通证经济是区块链网络技术背景下对社会运行体系的一种去中心化的分布式自组织实现方式，是数字技术发展到高级阶段的一种社会治理和商业模式。

3．数字经济的支撑技术

从微观上分析，最近十几年，数字经济经历了飞速发展。从技术发展的时间先后和市场成熟度来看，云计算环境为数字经济的进一步发展提供了性价比较好的计算与存储资源；物联网将人与人之间互连扩展到人与物、物与物之间的智能互连；大数据产业为数据资产的生产和开发提供了专业人才、技术、政策和研发基地；人工智能通过深度机器学习实现高效的智能识别和复杂的适应性行为训练，在无人驾驶、智能制造、社会管理、机器翻译、手机助理、智能零售中得到了前所未有的应用；工业互联网将国际互联网从消费领域扩展至生产领域，实现了虚拟经济向实体经济的转移。

作为下一代互联网底层技术，区块链被广泛认为是价值互联网和分布式数字经济的基础设施，是实现去中心化数字经济的理想经济模型。

云计算是分布式计算的一种，是指通过网络"云"将巨大的数据计算处理程序分解为无数个小程序，然后通过多台服务器组成的系统处理和分析这些小程序，并将得到的结果返回给用户。现在人们讲的"云计算"是将分布式计算、效用计算、负载均衡、并行计算、网络存储与虚拟化等多种计算机技术进行混合，向企业和个人提供一种综合性的网络计算资源服务。云计算简单的理解就是可以提供计算资源的网络，人们可以通过付费等方式按需取得资源。云计算不是一种全新的网络技术，而是一种全新的网络应用概念。云计算的核心概念就是以互联网为中心，在网站上提供快速且安全的云计算服务与数据存储，让每一个使用互联网的人都可以使用网络上庞大的计算资源与数据中心。

物联网是指通过各种信息传感设备，实时采集任何需要监控、链接、互动的物体或过程，并与互联网结合形成一个巨大网络，其目的是实现物与物、物与人、所有物品与网络的链接，方便识别、管理和控制。物联网的本质概括起来主要体现在三个方面：一是互联网特征，即对需要联网的物一定要能够实现互联互通；二是识别与通信特征，即纳入物联网的"物"一定要具备自动识别与物物通信的功能；三是智能化特征，即网络系统应具有自动化、自我反馈与智能控制的特点。

大数据（Big Data）也称为巨量资料，是一种规模大到在获取、存储、管理、分析方面大大超出了传统数据库软件工具能力范围的数据集合，具有海量、高速、多样、高价值密度、高度真实性等特点。大数据技术的战略意义不在于掌握庞大的数据信息，而在于对这些有价值的数据进行专业化处理。对于大数据，人们一般关注大数据技术的应用，主要包括大数据的采集、存储、分析与模式化应用。如果把大数据比作一种产业，那么这种产业实现盈利的关键是提高对数据的"加工能力"，通过"加工"实现数据的"增值"。

人工智能是指通过计算机程序来呈现人类智能的技术，主要实际应用包括：机器视觉、指纹识别、人脸识别、视网膜识别、虹膜识别、掌纹识别、专家系统、自动规划、智能搜索、定理证明、博弈、自动程序设计、智能控制、机器人学、语言和图像理解、遗传编程等。

工业互联网不是简单工业自动化+互联网，而是建立在工业数据开放、共享和交换基础上的相互融合，是链接工业全系统、全产业链、全价值链，支撑工业智能化发展的关键基础设施，是新一代信息技术与制造业深度融合所形成的新兴业态和应用模式，是互联网从消费领域向生产领域、从虚拟经济向实体经济拓展的核心载体。

而区块链是分布式数据存储、点对点传输、共识机制、加密算法等计算机技术的新型应用模式。其特征为：去中心化、开放性、自治性、信息不可篡改、匿名性。区块链已经走过数字货币、数字资产与智能合约等发展阶段，正在向区块链组织和区块链社会的方向发展，区块链网络也将在人际交往中得到全面应用。

1.1.2 数字经济学

1．传统经济学面临的挑战

从经济史和经济思想史的角度来看，历史上，每一次新技术的出现都会带来经济形态的转变，在经济形态转变过程中所产生的新现象则会对当时的主流经济学理论形成冲击。从这一层面来说，以蒸汽机为代表的第一次产业革命催生了工业化大生产，带来了"边际革命"，加速了新古典经济学的产生；以电气技术和内燃机为代表的第二次产业革命使产业结构开始向重化工方向发展，使资本和技术创新成为经济中的关键要素，由此催生了垄断竞争理论、宏观经济理论、创新理论等，不断充实和扩展经济学的基础理论体系；以电子与通信技术为代表的第三次工业革命，使产业结构面临自动化升级和信息化转型，技术创新和知识产权对经济发展的贡献越来越重要，催生了信息经济和知识经济等新经济形态，但现代经济学没有发生范式变革，一直沿用传统经济学中通过价格理论与货币政策对稀缺资源进行优化配置的市场理论。新古典经济学主要研究诸如自然资源、劳动力和资本等生产要素的优化配置问题，但是知识经济时代的企业组织突破了新古典经济学的生产函数要素分析框架，将知识要素纳入了资源配置的内容，适应了新经济的发展要求。在新经济的环境下，知识正与资本、自然资源、劳动力等一起成为基本经济要素，并且知识作为新形势下的"高级要素"，已经成为决定企业存在和边界的重要影响因素。

毫无疑问，随着数字经济的不断成熟和发展，平台经济和共享经济已经成为数字经济的象征，同时数据正在成为一种资产。虽然经济学的本质可以归纳为成本与收益的取舍和权衡，成本与收益的权衡进一步刻画化为约束条件下的最优化，数字经济领域涌现的诸多新现象还是可以用现有的经济理论来加以解释，但人工智能、机器学习和大数据等技术对传统的价格形成机制和资源配置方式可能产生根本性影响，对现有的统计推断方法、经济计量方法和经济计量软件也将形成挑战，大数据技术也将对微观和宏观经济变量之间的关系给出更为全面、准确的经验推断。区块链技术正在推动商业运行与社会治理向去中心化的分布式模式转换，数字资产和数字化资产可以在任何两个陌生人的匿名账号之间实现透明的、可追溯的转移，资产转移不需要可信的中心权威或第三方的确认，区块链技术引发了人类社会的信任革命。

历史上，对经济学影响冲击较大的研究方法创新包括微积分带来的边际革命、经济计量学、动态优化方法、博弈论等。边际学派从"理性经济人"的假设出发，坚持效用价值论的观点就是想在根源上找到一个客观不变的规律，在此基础上一步步建立自己的经济学分析框架。随着科学技术的进步，尤其是微积分的发现和广泛运用，从边际学派开始，西方经济学家找到了一个很好的分析工具，这种工具的客观性足以掩盖经济学分析的主观性，使得经济学家继续追求纯粹经济学的理想。再如 20 世纪 70~80 年代，博弈论方法的引入就彻底改写了产业组织学的所有内容，从而使诺贝尔奖得主梯若尔(Jean Tirole)教授所著的《产业组织理论》教科书沿用至今。数字经济必将给传统经济学理论带来挑战，因此我们需要新的理论研究来解释数字经济带来的诸多新的经济现象。

2．数字经济三大定律

数字经济受到梅特卡夫法则、摩尔定律和达维多定律三大定律支配，因而具有快捷性、高渗透性、自我膨胀性、边际效益递增性、外部经济性、可持续性和直接性等网络经济的特点。

梅特卡夫法则（Metcalfe's Law）是指网络价值以用户数量的平方的速度增长。网络价值等于网络节点数的平方，即网络的总价值 V 等于用户数 n 的平方，网络外部性是梅特卡夫法则的本质。

摩尔定律是指集成电路可以容纳的晶体管数目大约每 18 个月增加 1 倍，即处理器的性能每隔两年增长 1 倍。

曾任职于英特尔公司高级行销主管和副总裁威廉·H·达维多（William H Davidow）认为（1992 年），一家企业要在市场上占据主导地位，就必须第一个开发出新一代产品。市场第一代产品能够自动获得 50% 的市场份额，任何企业在本产业中必须第一个淘汰自己的产品，这个数字技术的产品规律称为达维多定律，体现的是网络经济的马太效应。

信息及其传输作为一种决定生产率的技术手段，可以渗透进工农业生产和服务业劳动，形成所谓"互联网+"。信息及其传输的技术手段使得数字经济在规模经济、范围经济和长尾效应等方面的特征极为显著。

首先，从规模经济来看。在工业经济时代，企业通过将规模调整到长期平均成本最低处对应的规模来实现规模经济。根据企业边界理论（钱德勒、马歇尔、科斯、德姆塞茨等），由于企业最优生产规模受到企业管理能力、企业资产存量、内部交易成本等因素的限制，因此企业的长期平均成本呈现先降后升的特点，这决定了企业的规模不能无限扩张。在数字经济时代，平台企业通过网络外部性实现规模经济。网络外部性往往是正的，而不是负的。根据梅特卡夫法则，网络的价值以用户数量的平方速度增长。当网络用户超过某临界点后，网络价值则呈爆发式增长。因此，数字经济时代所追求的规模经济是通过扩大网络用户规模、提高平均利润进而实现收益最大化的。

其次，从范围经济来看。传统范围经济是基于不同产品在生产与销售等方面的相关性实现的，可以说，企业产品的相关性程度直接关系到范围经济的实现程度。在数字经济时代，由于互联网用户不受地域的限制，平台企业实现范围经济的条件由产品的相关性转向基于用户数量的规模经济。基于海量的用户资源，平台企业除了出售那些满足大众需求的大批量、单一品种的产品和服务，还出售那些满足"小众"需求的多品种、小批量产品和服务。平台企业能够聚集无数个卖家和买家，能够极大地增加销售品种，最有效地形成"长尾理论"。

此外，数字经济的出现大幅降低了搜寻成本，平台企业利用大数据迅速将供求双方直接联系在一起，有效缓解了交易双方的信息不对称问题，从而大幅度降低了交易双方的搜寻成本、信息成本、议价成本和监督成本。

数字信息通信技术的广泛应用在催生了新的产品、新的业态、新的服务的同时，也对部分传统行业和业态产生巨大的冲击甚至颠覆，实现了"创造性毁灭"，未来整个社会经济活动都将变成数字经济。经济学是研究商品或服务的生产、分发与消费的社会科学，而数字经济的发展对所有经济主体及整个经济体系都产生着深远影响，整个经济社会的资源配置模式、市场交易关系等正在被互联网改造。

现在，我们正从后工业社会向数字化社会或信息社会迈进，这次变化程度之大和对经济社会影响之深远可能远超从前，因此必将推动经济学研究产生更大的一次颠覆性创新。

3．传统经济学的变革方向

随着数字经济的发展，目前至少在三方面有可能变革现有的经济学研究方法。第一是人工智能，第二是大数据，第三是区块链。

人工智能对传统的价格形成机制和资源配置方式可能产生根本性影响。未来的市场设计和定价体系很可能都是由算法来驱动的，现有的优化理论和博弈方法都需要据此加以变革。与此相关，当机器学习代替人类来进行经济决策时，它的效用函数是否会与人类产生不一致，经济人假设（以及对应到博弈论中的完全理性假设）是更加现实还是更不适用等问题也会在将来出现。

大数据的增长及在此基础上穷尽变量之间的关联性来进行预测的机器学习方法的运用更是对现有基于从样本到总体估计的统计推断方法和基于因果关系推测的经济计量方法均构成重大挑战，甚至现有经济计量软件也将难以胜任而被一一淘汰。由于大数据的全面性和实时动态性，我们可以对微观和宏观经济变量之间的关系给出更为全面准确的经验研究，现有经济理论中诸如拉弗曲线、菲利普斯曲线、内生增长理论、真实经济周期模型等各种演绎的理论结论都将可能被证实或证伪，进而推动经济理论的重大创新。

区块链网络作为下一代具有商业运行与社会治理模式革命的互联网技术，通过设计共识激励机制实现去中心化、透明、不可篡改的分布式记账，实体之间可以通过匿名账号进行数字资产转移，通过智能合约实现自动商业契约。区块链也是一项制度性的技术，是一项建立交易制度或自治经济秩序的治理技术。区块链可以看作一种类似公司、市场和契约关系的可替代的治理机制，区块链网络服从宪政（共识机制）、采用集体决策原则、程序公开并且具有自己的数字代币。作为创造分布式自治组织的新技术模型，区块链能够协调一个群体的经济行为的替代性制度，创造新型的经济体。区块链与组织存在竞争，但它不是组织。区块链具有与市场相似的特征，但是它也不是市场。区块链促进交易，而不只是实现交换。区块链可用来协调分布式人群，使他们实际上更接近于一个经济体。区块链与企业、市场和其他经济体相竞争，它的有效性取决于很多因素，如行为、文化、技术和环境。因此，我们不把区块链看作一项新技术，而是看作一种新型经济体。如果从制度主义和公共选择角度审视区块链，那么新制度经济学（New Institutional Economics）和公共选择经济学（Public Choice Economics）可以通过区块链获得新的发展，有助于揭示新技术如何影响数字经济。这意味着出现了一种关于区块链经济学的全新研究领域，这建立在学者已有研究的基础上，至少包括科斯、哈耶克、威廉姆森和布坎南。

数字经济作为一种继农业经济和工业经济后更高级的经济形态，在资源配置、渗透融合、协同等方面的能力空前提升，促进了全要素生产率的提升，已成为推进产业结构调整和实现经济可持续发展的强大力量。毫无疑问，数字经济将给现代经济学带来一场数字化革命，正在改写和重构经济学的几乎所有领域。

4．数字经济学的三大理论体系

概括起来，数字经济学包含三大理论体系，分别研究数字经济的三类问题。

第一个理论体系是价值网络经济理论，研究数字经济增长和创新是如何形成的。与传统经济更强调自利的驱动推动经济发展不一样，数字经济在一个网络化的社群和空间中基于互利的驱动构建网络结构和实现技术创新，推动经济发展。平台、价值网络、技术和经济的深度互动是建立在互利的基础上的，因此，数字经济学的基础理论部分是用网络、信息、基于互利的视角来探讨在数字经济中如何实现增长和创新的模型。

第二个理论体系是数字经济资本论，与数字金融和金融科技有非常大的关联。数字金融与实体金融相关联，与技术深度绑定，技术赋能必须降低金融流通成本，要注意如何与现有金融机构、金融监管进行协作，使得数字金融体系更加完善。

第三个理论体系是共识政治经济理论，是数字经济发展过程中一些与政治经济相关的理论。这里的"共识"不是指区块链网络中的共识机制，而是指如何在数字经济发展过程中对一些问题形成基本共识，如人工智能伦理、数字权利边界、信息技术与伦理学（数据隐私）等。

简而言之，数字经济学理论考虑如下问题。

第一，商业经济问题，就是技术和经济如何在内在逻辑结构中产生关系。

第二，金融和经济的问题，数字化的金融正在改变，至少正在与传统金融一起构建一个不同于现在的金融生态。2008年金融危机后，传统金融理论被质疑很重要的原因就是无法完全解决价值分配的问题，数字金融也许能够在普惠金融等方面做出新的贡献。

第三，技术和人性、技术和社会的问题。技术在扩展过程中，其实是在不断地与人进行互动，这些互动需要通过伦理、法律等方式解决。所以，数字经济学是一个新的学科，解决的是现有的经济学理论不太关注和以往不关注的问题。

1.2 区块链经济学

1.2.1 资本主义的宿命——垄断

在拉丁语中，"capital"（资本）来源于对动物的买卖及占有。到了12至13世纪，"资本"一词开始被用来形容资金、货物库存、货币数量或者货币带来的利润。大卫·李嘉图在1817年的《政治经济学和税收原理》中多次使用"资本家"一词。卡尔·马克思和弗里德里希·恩格斯在《资本论》里使用"Kapitalist"（资本家）形容拥有资本的私人，"资本主义生产方式"一词在《资本论》中出现了2600多次。有研究证实，马克思在其手稿中使用过"资本主义"一词。第一个使用"capitalism"一词的是英国小说家威廉·梅克匹斯·萨克雷，他以此表示大量资本的所有权，而非一种生产制度。德国经济学家维纳·宋巴特在1902年的著作《犹太人与现代资本主义》中首次使用了"资本主义"形容生产制度，马克斯·韦伯也在1904年出版的《新教伦理与资本主义精神》中使用了"资本主义"一词。

资本经历了对劳动力的垄断（奴隶制）、对商品流通渠道的垄断、对生产资料的垄断、对知识产权的垄断、对信息平台的垄断、对共享资源的垄断等不同的历史发展阶段，这些资本垄断的历史形态本质上都是资本实现对权力垄断的一种形式。资本对人类社会权力垄断的不同形式与不同的社会生产力发展水平相适应，推动并形成了不同的社会政治制度和生产关系。无论是哪种形式的权力垄断都会造成对人类社会的异化、剥削和胁迫关系。资本主义初期出现的所谓北大西洋"黑三角贸易"，是欧洲殖民主义者在政府的默认下，通过贩卖非洲奴隶疯狂追逐利润的一种非人道的商业资本积累方式。从16世纪开始到19世纪，"黑三角贸易"持续了300年之久，完成了资本主义初期的原始积累过程。资本主义对生产资料的垄断，使得劳动者只能依靠出卖劳动力维持再生产能力，造成的后果是对自由的剥夺，对公平的破坏，对民主的压制。

当世界经济形态发展到以技术创新为特征的知识经济时，资本主义从对生产资料的垄断转向对知识产权的垄断，通过制定版权法和发明专利法形成对特殊专有知识和新技术的垄断利润，人们并没有从技术进步中得到应有的利益，社会收入和财富分配差距开始拉大，社会矛盾随之增加。当世界进入信息社会时，互联网技术实现了信息传播的民主化，邮政、新闻与传媒领域首先发生了革命，而传统以地理实物商店为主的集中商业经营模式发展成为以物流业为主的分布式的电子商务模式，社会交往、人际关系与生活社区模式被社交网络平台彻底颠覆，人类已经与智能手机和移动网络融为一体，不可分离了。

1.2.2　分布式资本主义与区块链经济学

进入21世纪后，世界以国际互联网络为技术基础形成了以信息服务为特征的数字经济，产生了极具经济垄断性的巨型网络公司，原本信息对等的自由网络很快形成了互联网信息霸权。美国信息科技四巨头GAFA（Google、Amazon、Facebook、Apple）几乎统治着美国乃至全世界的互联网商业与技术版图，中国互联网老三巨头BAT（百度、阿里、腾讯）富可敌国，互联网新三巨头TMD（今日头条、美团、滴滴）后来居上。这些巨型数字企业通过信息垄断和行业霸权，既改变了人们的生活方式，又形成了不对等的信息获取和霸权滥用。新的资本剥削方式和不公平的社会分配关系在数字经济中不断滋生，加剧了社会收入与财富分配的差距，同时网络科技霸权和跨行业垄断阻碍了科技创新和市场竞争。

　　共享经济通过分享他方的闲置资源，在为自己创造价值的同时，也为资源的所有者分享部分利润。然而，Uber 和 Airbnb 与其被称为共享经济或分享经济，不如被称为平台公司。Uber 公司与滴滴出行将愿意加盟的私家车或出租车通过一个信息平台组织起来，为愿意成为平台用户的顾客提供出行乘车预定、导航、支付及其他安全服务，平台作为第三方通过收取服务费（20%~30%）获得收入。Uber 公司与滴滴出行对用户的出行数据开展综合分析利用，优化行车服务路线和时间，改善城市交通状况。Airbnb 是一家联系旅游人士和家有空房出租的房主的服务型网站，可以为用户提供多样的住宿信息，其社区平台在 191 个国家（或地区）、6.5 万多个城市为旅行者们提供数以百万计的独特入住选择，包括公寓、别墅、城堡和树屋。Airbnb 曾被美国《时代周刊》称为"住房中的 eBay"，用户可通过网络或手机 App 发布、搜索度假房屋租赁信息并完成在线预定。Airbnb 在营运过程中也出现了诸如伪造"刷单"等滥用平台评价的行为，目前通过采取房源排名降低、罚款甚至永久下线、封停账号等措施来解决这些违规行为。而这些平台内部违规行为在现有平台积聚经济模式下难以通过技术手段解决。Airbnb 对所有中国大陆地区的房东按照 10% 的比例收取基础服务费，对所有预订中国大陆地区房源的房客免收基础服务费，基础服务费为房源实际金额+清洁费+额外房客费用的总和的 10%。

　　以化石燃料为基础的第一次工业革命和第二次工业革命纵向扩展，有利于在市场上运行的集中化、自上而下的组织结构的出现，而第三次工业革命和第四次工业革命则是节点式组织，横向化发展，有利于最有效的分布式网络组织和协作式商业实践活动。"能源民主化"对我们如何在下个世纪安排整个人类生活有着深远的影响，有可能进入分布式资本主义时代。传统市场经济向网络经济的迁移过程正在改变世界的商业模式。卖方和买方之间的传统对抗关系发展为生产者和消费者之间的合作关系，共同利益将包容个体私利，公开信息的透明性与个人隐私的权益性同样重要。网络整体增值不会使个体持股贬值，个体持股作为共同努力中的平等节点将随网络整体价值升值。不同行业中的跨部门网络正在与基于自主交易的商业模式竞争，而在商业公共场所中进行的点对点业务实践正在挑战孤立市场中的竞争性业务运营。分布式资本主义带来了新的商业模式，包括耐用品制造业的 3D 打印、服务业和娱乐业的业绩承包和共享储蓄风险，这大大降低了资本、能源和劳动力成本，提高了社会生产率。在网络经济中，传统市场交换越来越多地被网络商品和服务方式所取代，这些商品和服务以租赁、分时度假、聘用协议和其他类型的时间分配的形式提供。

当成千上万的大公司、中小企业和合作社企业通过庞大的互联网相互连接时，分布式力量往往超过第一次和第二次工业革命中独立大公司的力量。数字公共资源领域的"众创"（peer production）生产模式作为一种代表着人类新时代进步方向的分布式资本主义正在兴起，新时代将带来社会各阶层权力关系的重组。

著名学者麦迪森在《世界经济千年史》著作中描绘了过去两千多年欧洲经济历史的发展，包括人口历史的演变，社会技术的变化等。麦迪森总结出经济发展的三个基本要素：

第一，人类对自然的控制和殖民，也就是对自然的改造。无论是中国对长江以南地区的改造，还是欧洲人对美洲大陆的改造，都带来了经济的巨大发展。

第二，贸易和资本的流通。现代工业革命之前的古代经济发展的典型案例是威尼斯和中东，都是因为其在贸易和资本流通领域的优势。

第三，技术和制度领域的创新。英国在制度创新和航海技术上的优势带来了大不列颠的荣耀，而美国硅谷的技术创新和风险投资的制度带来了互联网技术的革命。在数字经济时代，我们过去重视发展生产力和技术创新，现在更需要讨论制度创新，也就是创建一套合适的人类行为"秩序"，作为建立正确的社会生产关系的基础，通过区块链技术更大程度地推动社会和经济的变革。

经济学提到三个基本的秩序，包括物的秩序、社会秩序和精神秩序。物的秩序研究秩序的技术和物质实现方式，社会秩序研究个体关系如何演化成为群体次序，精神秩序讨论人的内心的精神诉求。传统数字经济通过残酷的商业竞争产生了金融、技术和商业相互结盟的平台型垄断经济，平台经济不可避免地将带来信息霸权、数字鸿沟、资本无序扩张与金融风险、行业垄断、实体经济萎缩等后果，平台经济虽然提高了经济效率，但是增加了社会的不公平性。

区块链通过共识机制维护一个分布式账本，提供点到点之间匿名信任，为社会治理和商业运行模式的去中心化革命准备了新一代网络技术基础，实现了有效的物的秩序。新型数字经济很大可能是以区块链为主要技术实现的共识经济。共识经济以分布式对等网络作为价值传递网络，以通证或数字代币作为数字经济的价值尺度，通过设计公平与效率兼顾的网络共识协议和经济激励机制，创建一个具有最大共识价值的分布式自组织经济生态网络，即区块链经济体或社群，实现理想的社会秩序。建设新型数字经济需要建立区块链社会的时代精神秩序，这是一种不以财富追求作为唯一目的而是平衡财富、幸福、道德等多个要素的精神追求。新型数字经济以合作互利取代竞争自利，以社会公平取代贫富悬殊，以环境友好取代涸泽而渔，既承认人类的趋利天性，又强调人们的道德归属。区块链技术不是一种简单的技术工具，而是产生革命性经济范式设计的思想，我们希望在区块链经济的不断演化过程中找到一种能够实现人类幸福的精神次序，避免重蹈资本主义过度扩张和发展的不和谐的老路。

1.2.3 区块链经济学的发展方向

经济学上有两个效率概念：一是静态效率（Static Efficiency），二是动态效率（Dynamic Efficiency）。目前，主流经济学中普遍采用静态效率，后者还不太为人所知却非常重要，比如"共同富裕"应该建立在动态效率的思想之上。

动态效率由当代西班牙经济学家德索托教授（Jesús Huerta de Soto）提出，是指一个企业、一种社会制度或整个经济系统促进企业家的创造性和协调性的能力，也是指系统性地往右边"移动"生产可能性曲线的能力。静态效率标准，如福利经济学的效率标准，则完全忽视了这个能力，因为它假设资源是给定的，回答的是如何避免浪费的问题，而不是如何创造新的财富的问题。

区块链与互联网的根本区别在于其去中心化特征，政体、管理、法律、经济、计算和传播等组织体系中的中心化和去中心化体系之争本质上涉及动态效率问题。动态效率把人看作是具有创造性的、协调性的行动者。动态效率有两个核心概念，分别是创造性和协调性。企业家在行动过程中不断创造出新的信息，新创造的信息也为其他企业家的创新提供了可能性，这就产生了动态的协调过程，也是分工合作的展开。动态效率基于这样一种产权观念，即每个人都有权利占有其发挥企业家才能的创造物和他发现的成果，德索托教授视之为自然法原则。因此，区块链通常被称为一种可以改进生产关系的网络技术，研究区块链经济学应该聚焦于去中心化系统的经济学原理。

分布式计算的开放结构、开源和 P2P 网络都是去中心化的，民主政体（相对于独裁体制）是去中心化的，普通法体系（相对于制定法）是去中心化的，社交网络媒体（相对于传统媒体）也是去中心化的，市场经济（相对于计划经济）是去中心化的，合弄制（Holacracy，或称为全体共治，相对于科层制）是去中心化的。去中心化的自组织系统是开放的，有利于基于明晰的产权概念和激励机制的自然法原则发挥全部参与者的创造性和协调性。区块链不是给世界带来某个特别的规则，而是给世界带来一个创造新机制并以最快速度推出新机制的自由。区块链是建立数字经济制度的"乐高头脑风暴"（Lego Mindstorms），区块链网络是没有边界的，任何可以数字化的资产和合约化的协作程序都可以在区块链上得到记账和运行。区块链是创建经济和社会制度的技术,可以用来创造和执行多种组织规则系统,推动经济层面和社会层面的协调合作,其中包括智能合约和DAO(分布式自治组织)。

复杂系统演化的基本发展路径是从中心化到去中心化的。系统演化从中心化开始,通过建立起简洁而非重复的结构、清晰明确的层级和规则,提高系统效率,裁决争议。中心化权力容易被非法利用,致使系统成本上升,在经济体系中表现为通胀、腐败和寻租。中心化的成本随着系统管理的复杂度提高不断上升,而信息与加密技术进步带来去中心化,将使成本下降。最终,适应和优胜劣汰(Adaptation and Differential Selection)将驱动这些系统趋向去中心化。中心化产生的秩序往往过于脆弱,而去中心化带来的系统更为稳固、灵活、安全和高效。区块链技术的去中心化带来的灵活性、安全性和时效性正类似市场这种系统形态。

以科斯理论为代表的新制度经济学运用新古典经济学的逻辑和方法分析制度的构成和运行,并发现了这些制度在经济体系运行中的地位和作用。新制度经济学保留了新古典经济学的三个基本要素:稳定性偏好、理性选择模型和均衡分析方法,从两方面修正了新古典经济学:人的行为是有限理性的,人都具有为自己谋取最大利益的机会主义行为倾向。新制度主义经济学派最重要的是把新古典经济学的基本方法运用于研究制度结构,将新古典经济学的零交易费用假定修正到正交易费用假定,使经济学的研究更接近于现实。新制度经济学通过分析市场配置资源而产生的交易费用来解释企业为什么会存在。新古典经济学的基本分析单位是对稀缺资源的行为选择,而新制度经济学的基本分析单位是交易。新制度经济学认为,组织和市场是两种可相互替代的配置资源和进行交易的手段。在一个经济体中,制度安排的效率源于行动者寻求对交易费用的节约。节约生产成本提升资源配置的效率,而降低交易费用推动高效的经济组织和治理结构的形成。

区块链作为一种新的制度性技术,使得新形式的合约和组织成为可能。因此,新制度经济学(又称为交易费用经济学)是区块链经济学合适的分析框架。交易费用经济学认为,为了处理不确定性、资产专用性、机会主义和交易频率而产生的交易费用使得一些交易在企业里比在市场中更有效率。交易费用因此决定了不同治理模式下组织的效率。同样,因为区块链通过彻底的公开透明和加密共识机制,消除了信任机制存在的必要性,完全自动地执行协议来消除投机主义从而降低交易费用,区块链就会完全打败传统的层级制组织和基于关系的协议。因此可以说,分布式自治组织是可以消除机会主义的,这扩展了市场的领域和范围,而消减了组织的范围。

公共选择（Public Choice）理论又称为新政治经济学，以微观经济学的基本假设、原理和方法作为分析工具研究如何提供与分配公共物品，研究和刻画政治市场上的主体的行为和政治市场的运行，实现社会效用的最大化。公共选择理论的基本特征是经济人假设和方法论上的个人主义。

首先，公共选择理论认为，政治过程和经济过程一样，其基础是交易动机、交易行为，政治的本质是利益的交换。公共选择理论经济人假设用"追求个人利益最大化"来概括一切人的行为动机，保持了个人模型在经济背景和政治背景下的对称和逻辑上的一致性，得到了一系列"政府失灵"的分析结论。然而，任何单一的、对目标函数有明确界定的个人行为模型都不可能涵盖所有人类行为，现实中确实有许多政府官员和政治家在政治领域是以社会利益最大化为行动指南的。因此，基于经济人假设的公共选择不能实现传统政治学中的社会利益最大化和美好社会的目标。

其次，公共选择理论从决策的角度探究政治问题，探究由不同的个体形成的社会如何进行选择，做出社会决策。公共选择理论认为社会选择是个人选择的集结，只有个人才具有理性分析和思考的能力，个人是基本的分析单位，个人的有目的行动和选择是一切社会选择的起因。公共选择理论这一由个人选择入手分析社会选择的研究路径称为"方法论上的个人主义"。在公共选择理论模型中，个人被认为在他们的私人行动和社会行动中都有自己独立的目标，公共选择是个人选择通过一定规则的集结。基于这样的分析思路，政治秩序能够从个人选择的计算中得到合理的说明。

第一代共同体包括经济领域的自然资源共同体，如森林、渔场和灌溉系统。对第一代共同体的研究表明，存在着有效解决现实世界的社会困境的制度安排，在小型、可信任、可沟通的团体进行重复互动时，共同体提供有效的制度安排通常优于市场或政府。在过去的20年里，第二代共同体把研究拓展到信息和知识共同体，特别是数字共同体，如开源软件、大众生产、开放式科学和开放式创新。第一代共同体显示了有效的私人治理模式如何通过低成本的沟通和监督创造出小规模的合作。

第二代共同体展示了可公开观察的荣誉机制如何在更大的规模上克服搭便车的社会难题，从而在准公共物品的生产和维护上进行合作。

作为第三代共同体，区块链具有其他多中心类型共同体治理机制的优势，并提供了在大规模联合或集体生产中解决合作问题的技术方案。区块链是一种无信任（Trustless）的共同体，它的有效规则嵌入宪政式智能合约，而这种智能合约在保密性上是安全的、在经济上是节约的。因此，区块链的政治经济体系是一种基于私人秩序（Private Ordering）

的竞争性联邦，自由进入一个或多个区块链等同于"用脚投票"。在这种体制下，宪政性的游戏规则消除了一种中心化的垄断控制，它的效率优势来自消除寻租。

从经济学角度，智能合约和区块链是一种新型的商业和社会合作模式和网络。古典主义和新古典主义经济学研究稀缺资源的生产和分配，制度经济学与新制度经济学研究规则和制度对经济发展的作用。因此，区块链经济学研究在密码安全且不需信任的分布式记账经济系统中的制度和规则设计及其衍生应用的经济学原理和理论，重点研究区块链共识机制设计中的激励设计和博弈均衡原理。

区块链网络为社群价值的有序流动建立一种透明的分布式共识账本，解决了数字资产交易过程中的确权问题，为数字经济学研究提供一种先天性的信任机制，最大限度地削弱了市场经济中的信息不对称性，是一个建立理性经济学模型的理想技术环境。区块链技术中的共识精神是人类在技术发展过程中人性和文明底层的基本需求，共识精神实际上解决的是道德问题，即陌生人相处时的基本动机和需求问题。区块链网络的价值由网络中流动的信息的价值、网络的复杂性效用（异质效用）和社群中有利于囚徒困境合作的那些社会资本要素来决定，据此可以解决区块链经济体的效用评估问题。我们还要解决经济学带给人们的幸福是如何实现的问题，即效率和公平的问题。数字经济中解决幸福问题的方式就是通过技术尤其通过区块链技术达成共识和契约，从而形成社群中的基本价值观和基本契约，这是区块链技术未来的工作方向。

1.2.4 区块链经济学的目标

社会发展既要重视功利层次的经济发展效率水平，也不能忽略道德层次的公平正义水准，因此，公平与效率的平衡哲学是政治经济学研究的永恒主题。

公平与公正、平等具有共同的社会道德价值内涵，但各自指称不同。公平主要指人在法理地位与社会分配上的平等，公正主要指人在天赋人权与自然应得之物上的平等(如自由)，平等主要指人对社会公共资源（权力、服务与财产）享有权利上的均等机会，也指人际交往中的人格平等。我们主要论述公平在经济学上的涵义，即个人收入与社会财富分配上的公平。

事物的发展过程一般可以分为起始、运行和结束三个阶段，存在机会公平（起点公平）、规则公平（或程序公平）与结果公平三种形式。有许多经济学家认为，只要规则和过程是公平的，任何经济改革所增加的人均 GDP 都是良性的。公平的规则和程序是必要的，但它们不是社会福利最大化的充分条件。我们认为，机会公平与程序公平是同样值得强调的，但是强调机会公平与程序公平并不是强调它们对结果公平的决定性作用，而是体现社会文明进化对天赋人权与自然应得之物上的公正立场。

为了获得一种公正的社会基本结构，用来公平地分配公民的基本权利和义务、划分由社会合作产生的利益和负担的主要制度，《正义论》的作者罗尔斯第一次系统地提出了正义理论，意在提供一种能取代传统功利主义的对正义的系统解释：通过概括洛克、卢梭和康德所代表的传统的社会契约理论，试图使契约论基础上的正义理论上升到一种更高的抽象水平，并发展到能经受住对他的致命批评，使之"构成一个民主社会的最恰当的道德基础"。

罗尔斯提出了一种新的契约理论，认为任何进入原初状态，不知道有关个人和所处社会的特定信息，在"无知之幕"后进行选择，经过合理推理，各方必然选择两条正义原则："第一原则，每个人对于所有人所拥有的最广泛平等的基本自由体系相容的类似自由体系都应有一种平等的权利；第二原则，社会的和经济的不平等应这样安排，使它们在与正义的储存原则一致的情况下，适合最少受惠者的最大利益，并且依赖于在机会公平平等的条件下职务和地位向所有人开放。"罗尔斯第一正义原则是平等自由原则，基于对人有能力获得善的观念和正义感的基本认识。

罗尔斯第二正义原则是机会的公平平等原则和差别原则的混合。第一原则属于支配社会中基本权利和义务分配的原则，第二原则是支配社会和经济利益（主要包括权力、地位、收入和财富）分配的原则。社会基本权利和义务分配是人人平等的，但第二种分配无法做到完全平等，只能保证机会公平平等。罗尔斯认为，机会的公平平等只是一种形式平等。人们由于生活的外在条件和内在禀赋的影响，在出发点上是不平等的，因此需要通过正义原则调节主要的社会制度，来尽量排除这种不平等。为此他提出，在前程向才能开放的主张之外，再加上"机会的公平平等"原则。也就是说，"各种地位不仅要在一种形式的意义上开放，还应使所有人都有一平等的机会达到它们"，以便尽量减少社会因素和自然运气的影响。为了实现这一点，他强调，自由市场不应是放任的，必须由以公正为目标的政治和法律制度来调节市场的趋势，防止产业和财富的过度积聚，保证所有人受教育的机会平等，如此等等。罗尔斯认为，不平等的能力和天赋不能成为不平等分配的理由，因为这些因素在很大程度上依赖于幸运的家庭。为此，他就主张用差别原则来纠正这种不公正。按照此种原则，任何人的自然才能都应被看成一种社会共同资产，应该由人们共享。因此，"那些先天有利的人，不论他们是谁，只能在改善那些不利者的状况的条件下从他们的幸运中得利"，这就是所谓的"差别原则"。

罗尔斯对正义原则的探讨，目的是希望人与人之间达到一种事实上的平等，而且为了这种事实上的平等，还要打破形式的平等，即对先天不利者和先天有利者使用形式上不平等的尺度。这表明，罗尔斯的自由主义思想带有明显的平均主义倾向。

根据罗尔斯正义原则，去中心化的区块链必须遵守平等自由原则，网络节点可以自由出入区块链网络，但必须遵守共识机制；去中心化的区块链经济必须遵守机会平等原则，共识机制必须确保节点对等原则，实现最大共识价值；去中心化的区块链效率创新机制必须遵守差别原则，实现分布式资本主义的帕累托最优。

首先，区块链经济体中同样存在公平与效率的矛盾问题。在以去中心化为特征的区块链网络数字经济体中，共识机制通过全部节点之间的多方博弈均衡实现分布式记账的一致性与安全性，原生代币作为奖励节点参与记账机会博弈的经济激励必须与生产关系相适应，因而加密货币的发行必须是去中心化的。这是区块链设计的政治经济学思想基础。

其次，为了实现共识经济中的机会平等与帕累托最优效率，区块链节点获得代币奖励的概率越均匀，加密货币的发行范围就越广阔，区块链的去中心化程度也就越高。区块链越去中心化，其原生加密资产的共识价值就越高，流通范围就越广，同时代币的稳定性就越好。基于 PoI 智能计算证明算法（见 2.2 节）的中本聪理想的"一 CPU 一票"共识机制不但可以解决数字货币发行的底层道德风险问题（机会平等），而且不妨碍去中心化系统的效率创新机制。通过设计高效的分布式账本共识协议与智能合约虚拟机平台，个人与单位通过众筹方式将通过共识机制公平发行的分散的加密资产聚集起来，可以实现"集中力量办大事"的商业模式与技术创新。区块链网络经济的设计目的应该是，既具有广泛的基于机会平等的底层公平性，又能在广泛的底层价值共识基础上实现高效的分布式应用创新，最终实现分布式数字金融的普惠性。因此，最广泛的价值共识，最广泛的价值流动，最广泛的普惠金融，在此基础上打通平行世界，就成为了区块链经济学追求的创新目标。

1.2.5 区块链经济学的问题

1．区块链经济的异化——中心化

区块链是一种颠覆传统商业运行与社会治理模式的新的技术范式，区块链的安全性建立在多数决定少数的共识基础之上。区块链以去中心化为技术特征，通过多学科交叉与集成创新，解决传统中心化系统所固有的单点故障、不透明、易篡改、不可追溯、实名隐私泄露、信息孤岛和资源不共享等问题，实现点到点之间可靠的价值转移与去中心化的合约自主处理。区块链技术是数字加密货币的基础，通过经济激励机制实现商业模式与社会治理模式创新。

互联网、移动通信、云计算、大数据、人工智能与物联网等是一种单一的生产力促进技术，通过信息传播或生产效率推动经济与社会发展。与之前出现的新技术不同，区块链主要通过改变生产关系促进生产力发展。生产关系是指人们在物质资料的生产过程中形成的社会关系，包括生产资料所有制的形式，人们在生产中的地位和相互关系，以及产品分配的形式等。其中，生产资料所有制的形式是最基本的，起决定作用。生产关系本质上是一种信任关系，人们如果彼此不能信任，就只能通过信任共同的第三方建立信任。第三方信任是一种信任委托或者权力转让，其政治学理论源于17世纪和18世纪霍布斯、洛克、孟德斯鸠和卢梭的社会契约论。社会契约论是对国家神权论的直接否定。根据第三方的可信任范围与程度，我们可以建立私有制、集体所有制与公有制等不同范围的所有制。如果不管认识还是不认识，人与人之间都能彼此信任，就不需再通过第三方建立信任，这样的社会可以称为去信任社会。

正如国家政权的建立需要个人出让一部分权力，任何形式的信任建立都需要成本。去信任的社会需要建立一种共识规则，去信任社会的成本就是个体遵守共识规则的成本。区块链通过多数决定少数的共识机制建立一种去信任的协作网络系统，区块链网络的信任成本就是共识机制的运行成本。共识机制的运行成本包括网络节点遵守协议的算力、通信和存储成本。区块链网络系统的参与者按照共识机制运行，节点无须信任任何一方，也无须为任何一方所信任。区块链网络参与者既能彼此独立又能匿名互信，参与者具有对等身份（既是服务者又是被服务者，即产销者，Prosumer），参与者对属于自己的资产具有绝对控制权。因此，区块链网络从生产关系上可以认为是一种分布式资本主义。于是，我们自然要问，建立在区块链网络基础之上的区块链经济的特点是什么？去中心化是区块链网络的本质特征，那到底什么是去中心化？从一个中心变成所谓多个中心之后算不算去中心化？比特币网络是不是去中心化的？进一步，所有靠专业矿机维持算力的公有链是不是去中心化的？基于权益证明机制（PoS）或代理权益证明机制（DPoS）的区块链网络是不是去中心化的？诸如IBM超级账本（Hyperledger Fabric）之类的联盟链是不是去中心化的？基于拜占庭容错(BFT)协议的分布式系统到底是不是去中心化的？

在传统资本主义经济体中，最富有的1%的财富持有者通常拥有全部财富的25%~40%，最富有的10%的人口通常占有全部财富的55%~75%。图1-1是2019年年底全球财富的金字塔分布情况，仅占成年人口1%的百万富翁占有全球财富净值的43.4%，相比之下，个人财富低于1万美元的人口占全球成年人口的54%，其合计财富却不到全球财富的2%。

去中心化这个本质问题关系到公有链与联盟链的价值之争，关系到数字经济的公平正义与效率之争，关系到区块链经济与传统经济的模式转换之争。从区块链作为科技新范式革命的角度而言，去中心化关系到人类文明发展的方向与命运问题，我们希望以区块链共识经济为基础的数字经济不再重蹈传统资本主义经济贫富悬殊的覆辙。

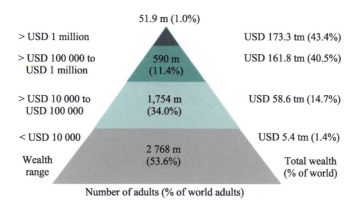

图 1-1 2019 年年底全球财富的分布情况（Global Wealth Report 2020，CREDIT SUISSE）

2．加密资产的极化分布

为了回答这些问题，我们先来看数字货币世界中的财富分布情况。2021 年 2 月 3 日，彭博社在"比特币 13 问"中公布了研究人员 Flipside Crypto 的一个研究结果。根据数字货币分布式账本追踪的匿名账户，不到 2%的"巨鲸"控制着 95%的可用代币总供应量。链上数据分析机构 Glassnode 最新报告认为，大约 2%的网络实体控制了 71.5%的比特币。

图 1-2 反映了各网络实体所持比特币数量的相对变化情况；图 1-3 反映了各规模网络实体所持比特币数量的变化情况；图 1-4 反映了自 2017 年以来各规模网络实体所持比特币数量的累计变化情况。

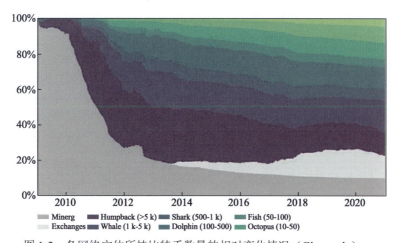

图 1-2 各网络实体所持比特币数量的相对变化情况（Glassnode）

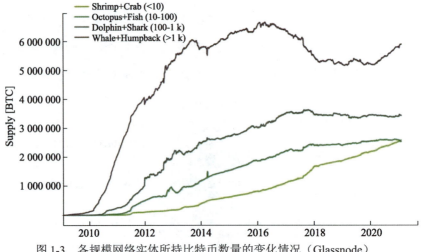

图1-3 各规模网络实体所持比特币数量的变化情况（Glassnode）

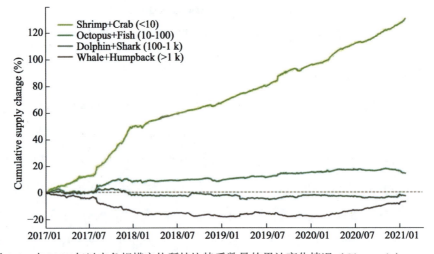

图1-4 自2017年以来各规模实体所持比特币数量的累计变化情况（Glassnode）

虽然两方分析结果有些差异，但比特币分配不均已经远远超过传统财富的分配差距，比特币分配不公的现象已经非常极端化了。在某种程度上，比特币网络现在已经陷入悖论困境。一方面，比特币定位自己是金融制衡载体；另一方面，比特币是世界上分布最不均匀的资产之一。这是比特币最根本的讽刺之处。比特币本应是人人皆可参与、人人皆可交易的区块链经济。然而，全球比特币却掌握在少数人手中，这是一种极其不平等的经济趋势。一般来说，比特币"巨鲸"是指持有逾1000枚以上比特币的实体，甚至是指持有超过100枚以上比特币的个人或机构。bitinfocharts网站的数据与比特币市场分析结果的一致性表明，比特币是一种深陷垄断的加密资产类别，5位比特币投资者掌握了全球40%以上的比特币，这是极其严重的问题。数据显示，有2419个实体(占总比特币账户的0.01%)

持有 1000 枚比特币以上，他们掌控了 43%以上的比特币资产。如果包括持有 100 枚以上比特币的实体，比特币持有的不平等现象将更加显著，0.05%的实体账户掌握了全球 62%的比特币。全世界大部分比特币仅掌握在少数人手中，比特币的产出持续收紧，未来能挖出的比特币将少之又少，现在比特币市场任凭"巨鲸"大户摆布。20 世纪掌控全球三分之一私银供给的亨特兄弟可以将白银的价格从 6 美元拉升到 40 美元，掌握大部分比特币的极少数人也可以在加密货币市场随意"兴风作浪"。加密资产持有的不平等现象不只发生在比特币市场，其他加密资产领域同样存在非常严重的分配不均匀现象。

3．计算中心化——区块链矿力"军备竞赛"

数字加密货币的另一个问题是作为工作量证明过程的密码哈希函数计算。例如，比特币所使用的 SHA-256 是一种按照指定顺序执行包括字旋转、模加法和一些布尔逻辑运算的计算过程，可以容易通过 GPU、FPGA 特别是 ASIC 实现。基于处理器发展的摩尔定律，SHA-256 的 ASIC 实现具有良好的可扩展性能和成本效益，加密数字货币网络因而出现以营利为目的的专业 ASIC 矿机，并由专业矿机组成矿池，从而使得基于 CPU 和 GPU 的矿力可以忽略不计。数字加密货币的网络矿力演化是一个"军备竞赛"过程，全网矿力分布将在很短时间内失去均匀性，并趋向越来越中心化的矿力垄断。

根据比特币图表网站提供的数据分析，全网矿力主要分布如下。

2014 年 3 月，GHash.IO、Discus Fish 和 BTC Guild 三家比特币矿池的矿力合计超过比特币全网矿力的 60%（如图 1-5 所示）。

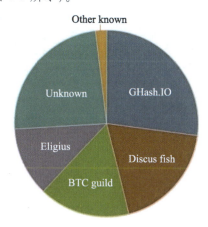

图 1-5　比特币矿池的矿力分布（2014 年 3 月，blockchain 网站）

2015 年 2 月，比特币矿池的矿力分布前三家分别为 Discus Fish（25%）、AntPool（17%）、GHash.IO（10%），三家合计占 52%（如图 1-6 所示）。

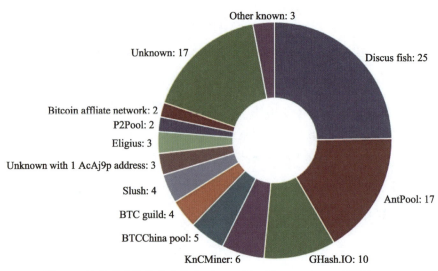

图 1-6 比特币矿池的矿力分布（2015 年 2 月，blockchain 网站）

2017 年 10 月，比特币矿池的矿力分布的前四家分别是 AntPool（17.4%）、F2Pool（15.5%）、BW.COM（11.3%）、BitFury（8.1%），四家合计占 52.3%（如图 1-7 所示）。

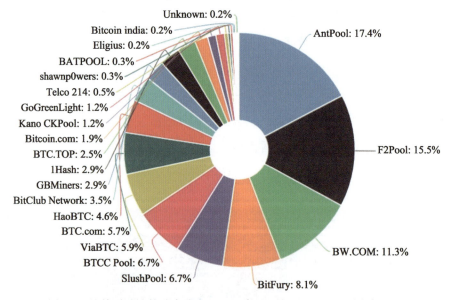

图 1-7 比特币矿池的矿力分布（2017 年 10 月，blockchain 网站）

2021 年 5 月，比特币矿池的矿力分布的前四家分别是 AntPool（19.1%）、Poolin（14.1%）、F2Pool（13.5%）、Binance Pool（10.8%），四家合计占 57.5%（如图 1-8 所示）。

比特币网络矿池矿力的演化过程表明：① 比特币网络已经被 3~4 家大矿池所控制；② 矿池之间竞争激烈，头部矿池不进则退；③ 头部大矿池矿力分布渐趋平衡，势均力敌；④ 几家头部大矿池之间容易形成垄断联盟，构成了 51% 攻击的实际安全风险。矿力"军备竞赛"要求全网矿力必须持续增长，全网矿力下降时容易发生安全问题。

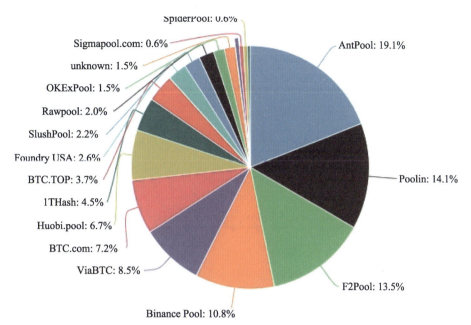

图 1-8　比特币矿池的矿力分布（2021 年 5 月，blockchain 网站）

在比特币网络中，随着全网矿力递增和区块奖励持续减半，如果比特币的市场价格不成比例提升，矿工的赢利能力将逐渐减弱，以致出现亏损。当挖矿收入不再能够支付维护网络的挖矿成本时，系统要么面临矿力下降带来的协议安全问题，要么通过提高交易费用使挖矿收入高于挖矿成本。免费交易或低交易费是数字货币的设计目标之一，提高交易费用将违背数字货币的设计理念。当越来越多的挖矿节点因亏损而撤退时，网络矿力将经历快速波动，从而未来可能发生灾难性的矿力下降事故。

考虑到那些基于 ASIC 的专业矿机除了挖矿之外什么都不能做，这些挖矿设备在退出在线挖矿以后还能做些什么呢？他们会在线等待一个可能的双花攻击机会吗？如果这种预测在不久的将来被证实，比特币系统将无法避免彻底崩溃。

不幸的是，如果一种加密货币的矿力由 ASIC 矿机维持，其协议安全性就必须建立在不断提升的网络矿力基础上，它必将迅速导致矿力的极化分布。最后，整个 P2P 网络将退化成为一个事实上的中心化系统，这为发起 51% 攻击提供了实际的可能性。因此，安全的加密货币系统应该选择具有抗 ASIC 增强能力的工作量证明机制。我们以比特币网络作为例子分析，是因为比特币网络具有最大的全网矿力和市场价值容量，其分析结果具有代表性，而且同样适用于其他数字加密货币网络。

为什么我们要讨论加密资产持有和加密货币网络节点矿力分布的不均匀现状呢？因为这正是加密货币网络的问题所在。加密货币网络在演化过程中已经越来越背离中本聪"一 CPU 一票"共识机制的去中心化设计理念，现在比特币网络已经成为去中心化理想的掘墓人，从技术和市场两个方向分别走向超级垄断。一方面，超级矿池垄断从源头上控制了加密资产的分配，矿池矿力的军备竞赛过程将传统社会的财富投放到加密货币世界，实现了传统财富分布差距到加密资产分布的第一次映射。另一方面，通过加密资产交易市场进一步极化了加密资产的分布状态，传统财富对加密资产分配实现了第二次强映射。当传统财富完成对加密资产分配的两次映射后，加密资产世界已经成为传统世界财富的傀儡或者镜像。然而，这并不是基于加密资产激励机制的区块链经济的共同愿景。

1.3 区块链在数字经济中的重要地位

中共中央政治局于 2019 年 10 月 24 日就区块链技术发展现状和趋势进行第十八次集体学习。中共中央总书记习近平在主持学习时强调，区块链技术的集成应用在新的技术革新和产业变革中起着重要作用。我们要把区块链作为核心技术自主创新的重要突破口，明确主攻方向，加大投入力度，着力攻克一批关键核心技术，加快推动区块链技术和产业创新发展。

习近平在主持学习时发表了讲话。他指出，区块链技术应用已延伸到数字金融、物联网、智能制造、供应链管理、数字资产交易等多个领域。目前，全球主要国家都在加快布局区块链技术发展。我国在区块链领域拥有良好基础，要加快推动区块链技术和产业创新发展，积极推进区块链和经济社会融合发展。

习近平强调，要强化基础研究，提升原始创新能力，努力让我国在区块链这个新兴领域走在理论最前沿、占据创新制高点、取得产业新优势。要推动协同攻关，加快推进核心技术突破，为区块链应用发展提供安全可控的技术支撑。要加强区块链标准化研究，提升国际话语权和规则制定权。要加快产业发展，发挥好市场优势，进一步打通创新链、应用链、价值链。要构建区块链产业生态，加快区块链和人工智能、大数据、物联网等前沿信息技术的深度融合，推动集成创新和融合应用。要加强人才队伍建设，建立完善人才培养体系，打造多种形式的高层次人才培养平台，培育一批领军人物和高水平创新团队。

习近平指出，要抓住区块链技术融合、功能拓展、产业细分的契机，发挥区块链在促进数据共享、优化业务流程、降低运营成本、提升协同效率、建设可信体系等方面的作用。要推动区块链和实体经济深度融合，解决中小企业贷款融资难、银行风控难、部门监管难等问题。要利用区块链技术探索数字经济模式创新，为打造便捷高效、公平竞争、稳定透明的营商环境提供动力，为推进供给侧结构性改革、实现各行业供需有效对接提供服务，为加快新旧动能接续转换、推动经济高质量发展提供支撑。要探索"区块链+"在民生领域的运用，积极推动区块链技术在教育、就业、养老、精准脱贫、医疗健康、商品防伪、食品安全、公益、社会救助等领域的应用，为人民群众提供更加智能、更加便捷、更加优质的公共服务。要推动区块链底层技术服务和新型智慧城市建设相结合，探索在信息基础设施、智慧交通、能源电力等领域的推广应用，提升城市管理的智能化、精准化水平。要利用区块链技术促进城市间在信息、资金、人才、征信等方面更大规模的互联互通，保障生产要素在区域内有序高效流动。要探索利用区块链数据共享模式，实现政务数据跨部门、跨区域共同维护和利用，促进业务协同办理，深化"最多跑一次"改革，为人民群众带来更好的政务服务体验。

习近平强调，要加强对区块链技术的引导和规范，加强对区块链安全风险的研究和分析，密切跟踪发展动态，积极探索发展规律。要探索建立适应区块链技术机制的安全保障体系，引导和推动区块链开发者、平台运营者加强行业自律、落实安全责任。要把依法治网落实到区块链管理中，推动区块链安全有序发展。

习近平指出，相关部门及其负责领导同志要注意区块链技术发展现状和趋势，提高运用和管理区块链技术能力，使区块链技术在建设网络强国、发展数字经济、助力经济社会发展等方面发挥更大作用。

1.4 社会发展指数与经济指数

1.4.1 社会发展指数

社会发展指数是指选择具有代表性的若干个社会发展指标，通过简单综合或加权综合形成一个综合指数，用于综合反映社会发展的总体状况和水平。目前国际上存在着不同的社会发展指数评估标准，每个指数从不同侧面反映一个社会的总体发展状况。

1. 物质生活质量指数

物质生活质量指数（Physical Quality of Life Index，PQLI）是一个测度物质福利水平的综合指标，由识字率、预期寿命和婴儿死亡率三个指标组成。物质生活质量指数是为测度物质福利水平而开发的一个综合指标，是在曾任美国海外开发委员会主席的詹姆斯·格蒙特和客座研究员大卫·莫里斯的指导下，1975年由美国海外开发委员会提出的，于1977年作为测度贫困居民生活质量的方法正式公布，旨在测度世界最贫困国家在满足人们基本需要方面所取得的成就。

在进行计算时，物质生活质量指数是以瑞典水平为基准，其中识字率是与一国经济发展水平相适应的人们生活水平和教育发展程度的反映，预期寿命是由营养、公共卫生、收入及一般环境等指数综合而成的，婴儿死亡率则反映了饮用水的净化程度、居住的环境条件、母亲的健康状况等。物质生活质量指数关心的是发展政策能否成功地满足贫困国家人民的基本需要这一问题，并不力图测度所有的"发展"，也不测度自由、公平、安全或其他无形的东西。同时，它不包括"生活质量"一词所指的许多其他社会和心理特征，诸如安全、公平、自由、人权、就业、满意感等。因而它被冠以"physical"生活质量指数的称号，而不是一个全面的"发展"指标。

2．人类发展指数

人类发展指数（Human Development Index，HDI）是以预期寿命、教育水平和生活质量为三项基础变量，按照一定计算方法得出的综合指标，由联合国开发计划署（United Nations Development Programme，UNDP）在《1990年人文发展报告》中提出的，用以衡量联合国各成员国经济社会发展水平的指标，是对传统国民生产总值（Gross National Product，GNP）指标挑战的结果。1990年以来，人类发展指标已在指导发展中国家制定相应发展战略方面发挥了极其重要的作用。之后，联合国开发计划署每年都发布世界各国的人类发展指数，并在《人类发展报告》中使用它来衡量各国家（或地区）的人类发展水平。

但是人类发展指数也存在局限性。首先，人类发展指数只选择预期寿命、成人识字率和实际人均国内生成总值（Gross Domestic Product，GDP）三个指标来评价一国（或地区）的发展水平，而这三个指标只与健康、教育和生活水平有关，无法全面反映一国（或地区）的人文发展水平。其次，人类发展指数在计算方法上也存在一些技术问题。再次，人类发展指数值的大小易受极大值和极小值的影响。因为人类发展指数将实际值与理想值和最小值联系起来评价相对发展水平，当理想值或最小值发生变化时，即使一国（或地区）的三个指标值不变，其人类发展指数值也可能发生变化。

3．社会进步指数

社会进步指数（Index of Social Progress，ISP）是在1984年由美国宾夕法尼亚大学的理查德·J·埃斯蒂斯（R. J. Estes）教授在国际社会福利理事会的要求和支持下提出的，涉及10个有关的社会经济领域。社会进步指数包括10个社会经济领域的36项指标。10个领域分别为教育、健康状况、妇女地位、国防、经济、人口、地理、政治参与、文化和福利成就。社会进步指数的计算未加权，实际上是将每个指标的权数看作1，假定各指标在描述国家的发展水平方面具有同等的重要性。加权社会进步指数是在社会进步指数的基础上，对各子领域的指数值作因子分析得到一组统计权数，然后对各子领域得分进行加权，最后得到加权社会进步指数值。

社会进步指数是评价社会发展状况的一个有效工具，不仅可以用于不同国家、不同地区间社会发展状况的比较，也可用于一国（或地区）内部不同地区间社会发展水平的横向比较，还可用于一国（或地区）不同时期发展水平的动态比较。

与物质生活质量指数（PQLI）相比，社会进步指数（ISP）在社会经济领域及指标的选择上比较广泛，因而能在一定程度上全面反映一个国家的社会进步状况，但是也存在一些局限。首先，在发展领域及指标的选择上，社会进步指数（ISP）未做出详细的理论说明。其次，在各子领域指标的选择上，社会进步指数（ISP）也极不平衡。再次，在子领域和指标的选择上，社会进步指数（ISP）仍忽略了一些重要的社会发展领域，如缺乏反映社会秩序与安全、闲暇时间的利用和反映财富分配方面的指标。最后，社会进步指数（ISP）所选择的这些领域及相应的指标，并不适合反映所有国家的社会进步状况，没有注意到处于不同社会发展阶段的国家间的差异性，因而势必影响比较的准确性。

4．ASHA指数

ASHA指数是由美国社会健康协会（American Social Health Association）命名的一个综合评价指标，主要用来反映一国（或地区）尤其是发展中国家的社会经济发展水平以及在满足人民基本需要方面所取得的成就。

ASHA指数由就业率、识字率、平均预期寿命、人均GNP增长率、人口出生率、婴儿死亡率等6项指标组成，这6项指标的目标值分别为85%、85%、70岁、3.5%、25‰、50‰。ASHA指数仅用6个指标反映一国社会经济发展状况和生活质量，这些指标在有健全统计制度的国家都能从常规年度统计中获得，便于国际间比较研究。

同样，ASHA指数也具有局限性，表现为：首先，在指数选择上，ASHA指数偏重于社会方面的指标，经济指标相对较少；其次，乘除合成方法使得指数值的变动对每个指标过于敏感，尤其是较小的指标值变动对指数的影响作用过于突出。因此，ASHA指数值缺乏相对稳定性。所以，有些专家ASHA指数贬多褒少，认为其"在计算时只是平列，没有加权，结果偏重社会指标"。

5．社会发展指数

伊恩·莫里斯发明了社会发展指数以测量文明的进步。《文明的度量》是伊恩·莫里斯代表作品，书中独创了"社会发展指数"，结合考古证据、历史数据、现代社会数据等，从能量获取、社会组织、战争能力、信息技术四个特性衡量社会发展和文明程度，其中后三个特性是对能源利用效率的表现。进而对上一个冰川世纪结束以来15000年的东西方国家（或地区）进行全方位扫描，使用突破性的社会发展研究数据对比了不同时代、不同地点的社会发展状况。通过这本书，莫里斯解决了人们对全球发展的几大疑问，而且提供了分析过去、现在和未来经济和社会发展趋势的有力工具，总结出我们应该如何思考21世纪，以及为何东方将成为未来的主人。

社会发展指数包含如下四个指标。

第一是获取能量的能力，即每个人每天能够享有的食物能量和维持生活所需的能量。能量使用越多，文明程度就越高。

第二是社会组织能力，可用最大城市的面积来衡量，一般以每个朝代的都城来计算。

第三是传递信息的效率，包括识字率和信息传递速率。古代靠人力跑步传递信息，后来有了马，中国古代的驿站邮传制度就是用马来传递信息。历史上也经常使用飞鸽传书和烽火台传递紧急军事情报，后来发明了电报和电子通信技术，现在用互联网，信息传递速率越来越高。

第四是发动战争的能力，包括军事技术、军队数量等。一个国家如果没有发动战争的能力，是不可能抵御外敌入侵的。军事技术和军队数量与国家的经济发达程度高度相关，我们虽然无法知道一个古代国家的人均GDP，但是可以从其发生的战争数量和规模上大体推断这个国家的经济能力和规模。

莫里斯以2000年为基准，分别找到四个指标的最高水平，设为250。比如，2000年最大的城市是东京，那么就用东京作为社会组织能力的最高分250分，然后四大指标简单加总得到最高水平1000分。度量历史上的文明就看其相当于2000年人类最高水平的比例。比如，相当于2000年的5%，就用250乘以5%，得到那个时期的某指标的水平。然后，四个指标加总起来，就得到社会发展指数。莫里斯发现一个重要现象，在农耕文明时期，无论是东方还是西方，社会发展指数从未超过45分。罗马帝国代表西方农耕文明的最高成就，公元5世纪在刚好达到45分的时候崩溃，而中国北宋也在即将达到45分的时候崩溃。这说明一个重要现象：农耕文明的天花板是45分，这是一个需要合理解释的社会发展之谜。综合莫里斯各项指标，东西方文明差距在公元前1400年到公元600年期间，西方略领先，在之后1000多年里东方反超西方，而在公元1700年后，西方又重新超越东方并拉开差距，直到1900年东西方差距达到峰值。当历史的指针指到公元 2000 年时，东方在社会组织指标上已经超过西方，其他三项指标中除了战争能力相差悬殊，能源获取和信息技术的差距已经相差无几。最后，莫里斯给出的预言是，东方将在 2103 年全面赶上西方。

1.4.2 莫里斯社会发展指数

对文明进步的度量有两种方式，可以分别从空间和时间进行比较。一种方式是从空间上比较同期不同地区和国家的社会发展综合指数，称为横向比较，如物质生活质量指数 PQLI、人类发展指数 HDI、社会进步指数 ISP、ASHA 指数等，适合进行横向比较不同区域之间的社会发展水平。另一种方式是从大跨度时间角度反映人类总体文明发展进程的规律性，称为纵向比较。莫里斯社会发展指数就是一种适合纵向比较的综合指标。

不同的社会发展指数从不同侧面给出了对社会发展总体状况的评价，根据社会发展指数的评估与比较，可以指导社会发展计划与政策的制定和优化，使社会发展方向符合绝大多数人们的期望。先进的社会发展指数如同先进的物理学理论一样，有助于人类理解、认识和改造客观世界的实践活动。在物理学的研究范畴中，以牛顿运动定律为基础的经典力学适合宏观世界和低速状态下的物体运动规律的描述和解释，在研究速度不接近光速、质量不是非常大的宏观物体时，经典力学可以提供非常精确的结果。然而，当被检测的对象尺度具有大约原子直径的大小时，就需要引入更先进的量子力学；当描述的物体速度接近光速时，则需要引入狭义相对论；当研究大质量对象时，则需要引入广义相对论。量子理论在量子化学、量子光学、量子计算、超导磁体、发光二极管、激光器、晶体管和半导体等技术中获得了重要应用。相对论改善了基本粒子科学以及它们的基本相互作用，带来了核子时代，物理宇宙学及天体物理学借由相对论预测了中子星、黑洞、引力波。因此，社会发展指数的优化如同物理学理论的发展进程，社会发展指数选择的客观性由其解释社会发展历史过程的合理性决定。

按照莫里斯社会发展指数的计算标准，为了获得较高的社会发展水平，我们是应该继续开发不可再生能源还是积极发展可再生能源？我们是应该继续加大城市的规模化建设还是注重城市的生态化与智慧化建设？我们是应该继续增加军费开支比例、扩大军队规模、积极开展军备竞赛，还是全世界按各国经济规模成比例地承担维护世界和平的安全成本？我们是应该继续加强中心化的互联网络信息基础设施建设，发展以此为基础的平台垄断型经济，还是应该将数字经济建设的重点转向以去中心化为特征的下一代分布式互联网络基础设施建设，并发展以此为基础的区块链共识经济？

1. 碳中和与《巴黎气候协定》

人类对食物与能源的获取是文明发展的一个主要标志。从采集狩猎到农耕狩牧再到食品工业，人类的食物结构与品质发生了根本的改变；从钻木取火到煤炭石油的利用再到电力与自动机械的发明，人类已经将自己从自然界的奴役下解放出来。人类社会的发展不断地发现自然界中的新能源，而每种新能源的发现和利用都极大地推动了人类文明的发展。地球上的能源分为不可再生能源和可再生能源。前者主要指化石能源，即煤、石油、天然气；后者包括太阳能、水能、风能、生物能、海洋能等。人类对不可再生资源的利用是人类历史发展的动力，煤、石油、天然气的利用使人类社会有了飞速的发展。地球上不可再生资源储量有限，已经开始出现"能源危机"的前兆。全球变暖是人类的行为造成地球气候变化的后果，不可再生能源消耗是人类影响地球气候的主要因素。"碳"就是石油、煤炭、木材等由碳元素构成的自然资源。"碳"耗用得多，导致地球暖化的元凶"二氧化碳"也制造得多。随着人类的活动，全球变暖也在改变着人们的生活方式，带来越来越多的问题。当一个组织在一年内的二氧化碳排放通过二氧化碳去除技术应用达到平衡，就是碳中和（Carbon-neutral）或净零二氧化碳排放。因此，发展可再生能源，通过可再生能源替换计划尽快实现全球碳中和，已经成为当代国际政治的主题。越来越多的国家政府正在将碳中和转化为国家战略，提出了无碳未来的愿景。

中国在2020年9月22日向联合国大会宣布，努力在2060年实现碳中和，并采取"更有力的政策和措施"，在2030年前达到排放峰值。奥巴马时期，美国签订了《巴黎气候协定》。虽然特朗普政府退出了《巴黎气候协定》，但拜登总统正式就任第一天就签署文件表示，美国将重新加入《巴黎气候协定》，承诺"到2035年，通过向可再生能源过渡实现无碳发电；到2050年，让美国实现碳中和。"美国实施净零排放的目标将使全球温室气体排放量的覆盖率由51%上升到63%。为了实现美国的"3550"碳中和目标，拜登政府计划拿出2万亿美元，用于基础设施、清洁能源等重点领域的投资。这意味着美国将对化石能源和煤电政策进行彻底改革，将大力发展以风电和光伏为代表的清洁能源发电。全球绝大部分先进国家（或地区）已经承诺在2050前实现碳中和，包括欧盟、加拿大、英国、日本和新加坡等。

2. 生态城市建设

城市化过程虽然有利于经济增长和商业发展，但过度城市化也会带来一系列弊端。比如，城市人口的急剧增加、环境恶化、资源危机，城市发展带来的大气污染、水资源短缺、噪声污染、交通拥堵、治安恶化等多种"城市病"正严重影响着我们的生活。一般认为，当城市人口占总人口的比重超过 70%时，城市化过程将趋向平稳，城市化与去城市化处于动态平衡，无论发达国家还是发展中国家都将出现所谓城市空心化和郊区化现象。城市化的正确方向是生态化城市建设。"生态城市"是在联合国教科文组织发起的"人与生物圈计划"研究过程中提出的一个重要概念。生态城市的创建标准要从社会生态、自然生态和经济生态三方面来确定。社会生态的原则是以人为本、满足人的各种物质和精神方面的需求，创造自由、平等、公正、稳定的社会环境；经济生态原则旨在保护和合理利用一切自然资源和能源，提高资源的再生和利用水平，实现资源的高效利用，采用可持续生产、消费、交通、居住区发展模式；自然生态原则，则给自然生态以优先考虑并最大限度予以保护，使开发建设活动一方面保持在自然环境所允许的承载能力范围内，另一方面减少对自然环境的消极影响，增强其健康性。

3．军备竞赛还是合作共赢

军队及准军事化组织是保护国家领土完整、维护国家政权稳定和国家利益的武装力量。国家所受外部军事或恐怖威胁越大，或者内部政治越不稳定，军队的地位与军费开支就越高。即使处于和平时期，敌对国家或潜在敌对国家之间也会互为假想敌，在军事准备方面展开质量和数量上的军备竞赛。近代比较著名的军备竞赛包括第一次世界大战前 20 年中欧洲列强之间开展的军备竞赛，北大西洋公约组织（简称"北约"）与华沙条约组织从第二次世界大战结束后到苏联解体前展开的长期军备竞赛，以吓阻性武器来维持互相保证不毁灭因而保持平衡不轻言发动战争的冷战。最著名的案例为冷战时，美国与苏联为了维持恐怖平衡，不断制造比对方更多的核弹，以确保自己在遭受核弹攻击时可以同时使对方受到重创。全球军事开支占 GDP 比例较高的国家（或地区）包括朝鲜、沙特阿拉伯、阿曼、以色列、俄罗斯和美国等。根据斯德哥尔摩国际和平研究所发布的报告，2019 年全球军费开支已达到冷战结束以来的最高水平，2020 年全球军费开支高达 1.981 万亿美元，同比增长 2.6%，而全球国内生产总值（GDP）则下降了 4.4%。军费开支排名第一是美国，2019 年达 7000 多亿美元，占世界军费总开支的近 40%，超出排在美国后的 10 个国家军费开支的总和；2020 年同比增长 4.4%，达到 7780 亿美元，约占全球军费总额的 39%。印度 2020 年军费开支 729 亿美元，位列第三。俄罗斯 2020 年军费开支 617 亿美元，位列第四。德国 2020 年军事开支达到 528 亿美元，同比增长 5.2%，位居世界第七。军事开支占国内生产总值（GDP）的 2%比例是北约的目标支出，2019

年只有9个成员国达到或超过这一目标，2020年已有12个北约成员国的军事支出占国内生产总值（GDP）的比例达到或超过2%。

修昔底德在《伯罗奔尼撒战争史》中写道，"雅典的崛起和斯巴达的恐惧最终导致战争不可避免。"美国政治学者格雷厄姆·艾利森据此创造了"修昔底德陷阱"一词，认为当新兴强国威胁到现有强国的国际霸主地位时，将导致一种明显的战争倾向。近年来，美国撤出《中导条约》，退出《伊核全面协议》，取消对《武器贸易条约》的签署，反对《禁止生物武器公约》核查议定书谈判，迟滞化武销毁，对多双边军控条约体系采取"实用主义"态度。这些在裁军与国际安全领域的倒行逆施行为加剧了国际军备竞赛的烈度，严重影响了世界和平发展的大方向。当今世界面临着百年未有之大变局，政治多极化、经济全球化、文化多样化和社会信息化潮流不可逆转，各国间的联系和依存日益加深，但也面临诸多共同挑战。粮食安全、资源短缺、气候变化、网络攻击、人口爆炸、环境污染、疾病流行、跨国犯罪等全球非传统安全问题层出不穷，对国际秩序和人类生存都构成了严峻挑战。不论人们身处何国、信仰如何、是否愿意，实际上已经处在一个命运共同体中，任何国家（或地区）都不可能独善其身。和平发展、合作共赢早已成为国际社会普遍共识，推行一家独大赢家通吃的单边主义、例外思想、霸凌行径不符合历史发展的规律。全世界要以应对人类共同挑战为目的，形成"人类命运共同体"的新共识，推动世界和平发展，共建人类地球村。

4．价值互联网

信息技术与人类的交流与合作密不可分，信息技术是现代经济发展的基础。按照托夫勒的观点，第三次浪潮是信息革命，大约从20世纪50年代中期开始，其代表性象征为计算机，主要以信息技术为主体，重点是创造和开发知识。第三次浪潮的信息社会与前两次浪潮的农业社会和工业社会最大的区别，就是不再以体能和机械能为主，而是以智能为主。欧美发达国家从20世纪60年代后期开始进入信息时代，我国及部分发展中国家落后西方大约十多年，直到20世纪80年代中期才开始信息化时代。在不到100年的时间里，人类总体上从工业化的原子时代走向了网络化的信息时代。随着全社会信息化水平的提高，信息和知识正在以系统的方式被应用于变革物质资源，正在替代劳动成为国民生产中"附加值"的源泉。这种革命性不仅会改变生产过程，更重要的是将通过改变社会的通信和传播结构而催生出一个新时代、新社会。在这个社会中，信息和知识成了社会的主要财富，信息和知识流成了社会发展的主要动力，信息和情报资源成了新的权力资源。随着信息技术的普及，信息的获取将进一步实现民主化、平等化，这反映在社会政治关系和经济竞争上也许会有新的形式和内容，而胜负取决于谁享有信息资源优势。

信息和信息技术的本质特点在社会和经济发展方面也必将带来全新的格局。从宏观方面，信息时代的若干发展趋势已经成为不可逆转的历史潮流而改变着当今世界的面貌和格局。发达国家（或地区）正出现以信息技术为主的后工业化扩散周期，生产方式正由规模经济向非规模经济和聚合经济过渡，组织结构上由层序化向分子化结构演变，非集权化成为当今世界组织结构改革的主导方向，国际性产业结构调整成为全球性趋势。在信息化的数字经济时代，工业化、自动化和智能化已经为我们提供了足够强大的财富条件，多目标社会效益和民主参与，正在成为企业和政府的重要价值观念，社会文化价值观念也正在转向更加公平的社会资源、知识资源、政治资源和人力资源的分配问题。政治、经济、文化等方面的全球化已经成为不可回避的现实和趋势，国家和人民在政治、经济和文化的各方面都更加相互依存。伴随着信息技术的冲击，这种全球性依存关系正在影响和改变着国际政治过程和经济文化关系，并将引导历史向着未曾预料的方向发展。当前，我们正在建设下一代以去中心化为标志性特征的价值互联网络，数据作为资产正在取代信息作为资源的传统互联网经济发展模式，传统独享经济模式正在向以互联网信息平台为服务中心的共享与分享经济模式过渡，而中心化的共享经济在去中心化的下一代价值互联网技术变革中，必将迎来去中心化的区块链共识经济革命，共享产品与服务的成本将进一步降低，共享资源的协作效率将进一步提高。

在以区块链技术为基础的数字经济中，数字货币、数字资产、资产数字化和智能合约、分布式金融（Decentralized Finance，DeFi）和去中心化自治组织（DAO）等新概念，已经引发了比特币、中央银行数字货币（Central Bank Digital Currencies，CBDC）、NFT（Non-Fungible Token，非同质通证）等数字金融创新潮流；产业区块链技术在促进数据共享、优化业务流程、降低运营成本、提升协同效率、建设可信体系等方面正在开展广泛的商业创新实践，已经引起了全社会与创业市场的高度关注。传统虚拟现实和游戏领域的"元宇宙"（Metaverse）概念正在与区块链经济学模型相结合，使得基于区块链网络数字经济中的诸多金融创新成果可以在元宇宙中得到全面应用，丰富了人类对自身存在的价值与意义的认知。区块链技术与数字经济结合将改变人类的商业合作模式，区块链技术与社会治理结合将改变人类的社会治理模式，区块链技术与政府管理结合将创新政府体制机制、优化管理模式。区块链经济与社会治理在很大程度上将更新我们对信任的内涵，甚至改变我们对人生的态度。

1.4.3 经济指数

1．经济指数分类

在传统经济领域，经济学一般采用一些指数从宏观上评估一个国家或地区在一段时间之内的社会发展或总体经济状况。从指数的定义上，广义地讲，任何两个数值对比形成的相对数都可以称为指数；狭义地讲，指数是用于测定多个项目在不同场合下综合变动的一种特殊相对数。按所反映的内容来分，经济指数可分为数量指数和质量指数。数量指数反映物质数量变动水平，如产品产量指数、商品销售指数等；质量指数反映事物质量的变动水平，如价格指数、产品成本指数等。按计入指数的项目多少，经济指数可分为个体指数和综合指数。个体指数反映某一个项目或变量变动的相对数，综合指数反映多个项目或变量综合变动的相对数。按计算形式来分，经济指数可分为简单指数和加权指数。简单指数又称为不加权指数，把计入指数的各项目的重要性视为相同；加权指数对计入指数的项目依据重要程度赋予不同的权数，再进行计算。加权指数分为基期加权综合指数（拉氏指数）和报告期加权综合指数（帕氏指数），基期加权综合指数把作为权数的各变量值固定在基期，1864 年由德国学者拉斯贝尔斯（Laspeyres）提出；报告期加权综合指数把作为权数的变量值固定在报告期，1874 年由德国学者帕煦（Paasche）提出。一般采用拉氏指数计算销售量等数量指数，而采用帕氏指数计算价格和成本等质量指数。

2．主要经济指数

经济学中的指数一般采用多个项目参数的加权平均，并以某个时间的值作为基准，衡量该综合指标在基准值上的浮动情况。经济指数主要包括商品指数、股市指数等。与生活最为密切的经济指数是商品零售价格指数（Retail Price Index，RPI）和消费者价格指数（Consumer Price Index，CPI），与生产者最为密切的经济指数是生产者价格指数（Producer Price Index，PPI）。国际商品指数不仅在商品期货市场、证券市场领域具有强大的影响力，也为宏观经济调控提供预警信号。

研究发现，商品指数大多领先于 CPI 和 PPI。主要国际商品指数包括：路透商品研究局指数（Commodity Research Bureau Index，CRBI）、高盛商品指数（Goldman Sachs Commodity Index，GSCI）、罗杰斯国际商品指数（Rogers International Commodity Index，RICI）、道琼斯－AIG 商品指数（Dow Jones-AIG Commodity Index，DJ-AIG）、标准普尔商品指数（Standard & Poor's Commodity Index，SPCI）、德意志银行流通商品指数（Deutsche Bank Liquid Commodity Index，DBLCI），以及石油、铜、大豆等产品大宗商

品指数。

国内主要商品指数包括：

① "义乌中国小商品指数"，在"2006年义乌国际小商品博览会"上正式发布，包括价格指数、景气指数和监测指标指数三部分23个分项指数。

② 由上海有色金属工业协会自2007年5月正式发布的涵盖铜、铝、铅、锌、锡、镍六大基本金属的上海有色金属现货市场成交价格指数（Shanghai Metals Market Index，SMMI）。

③ 高盛2007年9月推出的高盛中国商品指数（Goldman Sachs Chinese Commodity Index，GSCCI），由国内四种大宗商品（钢铁、煤炭、铝和铜）的价格构成，它们的权重根据中国的消费额来估算，这是衡量中国上游价格变动的周度指标。

④ 2015年2月，中国塑料原料商品价格指数——广塑指数升级为国家级塑料价格指数，更名为"塑交所·中国塑料价格指数"，形成了一个包括1个总指数、5个大类指数、10个中类指数、22个小类指数和细类指数的指数体系。

商品指数走势与宏观经济的走势具有高度的相关性，商品指数的走势成为宏观经济走向的一个缩影。

股票价格指数是根据某些采样股票、电子现货或债券的价格所设计并计算出来的统计数据，用来衡量股票市场、电子现货或债券市场的价格波动情形。以美国为例，常见的股价指数有道琼斯股票指数、标准普尔股票指数、纽约证券交易所股票指数、日经道·琼斯股票指数、《金融时报》股票指数、香港恒生指数。最有名的债券价格指数则是所罗门兄弟债券指数（Salomon Brothers Bond Index）和协利债券指数（Sheason-Lehman Bond Index）。国内有上海及深圳证券交易所制作的发行量加权股价指数（中证流通指数、沪深300指数、中证规模指数、上证成分股指数、上证50指数等）和中信指数、新华指数等。

此外，经济指数还有：采购经理指数（Purchasing Managers' Index，PMI），国内生产总值（GDP），货币供应量M0、M1、M2、M3，固定资产投资额，社会消费品零售总额，货币存量，外汇储备，投机性短期资本（游资、热钱、不明资金），外商直接投资（Foreign Direct Investment，FDI），贸易顺差，工业增加值，美国供应管理协会（Institute of Supply Management Manufacturing，ISM）指数，等等。

3．数字经济评测指数

当人类走入以互联网、云计算、大数据等为代表的新一代信息技术时代后，信息化与经济社会各层面深度融合，数字经济已经成为引领科技革命、产业变革和影响国际竞争格局的核心力量，不断为全球经济复苏和社会进步注入新的活力。如何衡量数字经济的影响对于理解整体经济形势十分重要。目前，经济学界和政府部门对数字经济的测度一般分两类：一是直接法，即在界定范围之下，统计或估算出一定区域内数字经济的规模体量[1,2]；二是对比法，即基于多个维度的指标，对不同地区间的数字经济发展情况进行对比，得到数字经济或具体领域发展的相对情况[3]。

国际上早已存在一些对于数字经济发展水平指数的有效评估指标体系，包括：欧盟数字经济与社会指数（Digital Economy and Society Index，DESI），美国商务部关于数字经济评测建议，经济合作与发展组织（OECD）衡量数字经济指标建议，世界经济论坛（WEF）网络准备度指数（Networked Readiness Index，NRI），国际电信联盟（ITU）的信息化发展指数（Informatization Development Index，IDI）。

近年来，国内也相继提出了一些数字经济相关指数的指标体系，主要有：中国信息通信研究院数字经济指数（Digital Economy Index，DEI），赛迪顾问中国数字经济指数（Digital Economy Development Index，DEDI），上海社科院全球数字经济竞争力指数，腾讯"互联网+"数字经济指数，中国数字经济指数（China Digital Economy Index，CDEI），新华三集团城市数字经济指数（DEI），苏州数字经济指数，等等。

国际机构的研究成果中，从数字经济的概念界定和理论体系构建的角度，美国商务部对数字经济的定义、理论、范围、测量的步骤都有研究，值得参考；从指标体系构建的角度，欧盟的数字经济与社会指数最为客观、全面，尤其是在数据获取角度，欧盟有大量相关的调查、统计研究提供了良好的研究基础，欧盟长期大范围调查统计的工作机制值得学习；从指数设计的科学性和延续性的角度，世界经济论坛的NRI和ITU的IDI经历了较长时间的考验，尤其在信息基础设施和信息产业的测算和国际比较中非常成熟。

与国际多个指标体系相比，国内数字经济指数均首次发布于2017年，说明中国在数字经济发展测度方面的起步较晚。国际组织的测度方法相比之下非常中规中矩，考察内容都只包括数字经济的基础、应用、影响等方面，而国内指数则各具特色，反映出不同机构和角色对数字经济的关注点和理念方法的差异。国内指数创新性应用大数据，企业主导设计的指标体系体现了数据来源的多样性。

4．经济指数必须与时俱进

最近十几年，由于共享经济、众创生产模式、区块链技术的发展，数字经济迎来了分布式资本主义的模式变革。互联网技术发展带来了深刻的社会变革，传统以地理为限制的物理社区概念已经发展为通过互联网连接的虚拟社区，在线社区在直接民主和反等级模式的基础上发展出自己的自治结构和治理机构，全体成员一般直接参与并集体做出决定有关社区发展的重要决策，自由、开源软件正在打败世界上最大、资金最雄厚的商业企业。21 世纪初关于"众创"生产模式的辩论出现两极分化。支持者认为，"众创"生产模式标志着与资本的彻底决裂；反对者认为，"众创"生产模式不会对资本的统治构成威胁。对立的两面既具有斗争性，又具有统一性，从而推动"众创"生产模式随着时间不断发展。同时，认知资本主义受到全球盗版或山寨经济的威胁。

当今世界最发达的经济体是"网络信息经济体"，即现在所谓的数字经济。鉴于数字经济在国民经济中的比重越来越大，通过对数字经济总体上的公平性、效率和安全性的及时、有效、定量评估，根据评估结果采取"看得见的"手段对数字经济的市场机制进行调整，有利于制约传统经济中所形成的资本垄断和互联网经济中所形成的平台垄断行为，有利于缩小社会贫富差距与数字鸿沟日益扩大的趋势，在分布式资本主义的数字经济时代显得尤其重要。因此，我们有必要加强数字经济测度和评估的理论研究，使数字经济的测度建立在严密的理论框架下，推动数字经济理论的创新与发展，从而提出具有中国特色、符合中国实际的理论框架和测度思路。由于以区块链技术为支撑的分布式数字经济具有去中心化、可追溯、开源、透明、隐私保护和不可篡改性，数字经济测度与评估所用数据来源能够反映数字经济的真实水平，可以避免受到数据来源不可靠、数据获取不稳定等因素影响。在确保数字经济基本数据质量和来源可靠稳定的前提下，对于行业数据与地方数据也要采用区块链技术确保数据的不可篡改和可用性。

1.5 区块链经济公平性评估标准——去中心化指数

国内外已经存在多种区块链指数，主要分为三类。

1. 数字资产指数

数字资产指数借鉴了传统金融市场指数，对数字资产市场的主要数字资产进行加权平均，用来评估数字资产市场的发展趋势，如：亚洲区块链基金会发布的全球数字资产基准指数（Global Digital Assets Benchmark Index），由知名交易所编制的加权指数（如 Coinbase 指数、火币主力指数、OK05 指数等），Brave New Coin 公司发布的 BLX 流动性指数（BTC 流动性指数），由 Inblockchain 团队发布的首个反映区块链市场宏观走势的 GBI 全球区块链指数（Global Blockchain Index, 2017），等等。

2．区块链主观技术性加权指数

区块链主观技术性加权指数用来对不同区块链项目或平台的技术实力和商业价值进行比较排序。

例如，赛迪研究院发布的全球区块链评估指数和韦斯评级公司发布的加密货币等级评级。根据公有链是否具有独立主链、是否节点自由创建、是否具有开放的可以查询块信息的块浏览器、代码是否开源、是否拥有项目主页、项目组是否可以联系等因素，全球区块链评估指数通过给区块链的基础技术水平、应用层级和创新能力分别打分后进行加权平均，形成综合的区块链技术水平评估指数，再对所有区块链进行排序。

又如，韦斯评级（Weiss Ratings）是目前唯一一家提供加密货币评级的金融评级机构，对每种加密货币分别从技术和应用、风险回报比率两个维度进行评分评级（分为A~E共五级，每级又分为正、负两个等级，共分成10个等级），公布了93个加密货币评级的名单，其中包括BTC、ADA、EOS、ETH、XRP、XLM和TRX。

赛迪全球区块链评估指数依赖定性化的技术加权指数，因而具有很大的主观成分。韦斯评级机构还定期提供市场情况和情绪、投资机会、警报等报告，曾面临一些批评，社交媒体指责他们在加密货币和传统金融市场的评估中存在不道德行为。

3．区块链综合性指数

区块链综合性指数是指为区块链的技术和商业创新与创业投融资行业提供发展趋势预测的综合性指数，如2018年1月由丰盛投资组合集团有限公司（Harvest Portfolios Group Inc.）发布的区块链技术指数（The Blockchain Technologies Index）和2019年年底中国金融市场发布的深证区块链50指数。

丰盛区块链技术指数旨在跟踪参与区块链和分布式账本技术开发的发行人，主要股票指数追踪集中于北美区块链行业的领先上市公司的业务活动。该指数分为两个独立的板块：大盘股区块链和新兴区块链，旨在代表具有广阔前景的区块链技术上市公司。其中，大盘股包括10家在北美证券交易所上市、市值超过100亿美元的区块链技术公司，新兴区块链段则包括50家在北美证券交易所上市、最低市值5000万美元的区块链技术开发公司，而且这些新兴区块链公司已经传达了一种致力于开发和实现区块链技术的商业策略。鉴于该技术的发展性质，丰盛区块链技术指数旨在从大盘股技术区块链和新兴区块链发行商的组合过渡到专门关注新兴区块链细分市场，因为新兴区块链获得了重要的增长。丰盛区块链技术指数的大盘股区块链段具有相同的权重，新兴区块链细分市场是以市值加权的，并根据细分市场相对于整体指数比例的大小进行调整。丰盛区块链技术指数根据每年1月、4月、7月和10月最后一天之后的15个营业日内最近一次重新平衡季度末的收盘价按季度重新平衡。在重新平衡日期之间，由于市场波动，该指数将偏离最近的重组权重。丰盛区块链技术指数由丰盛投资拥有和管理，丰盛投资根据一系列指南和流程规定的指数计算方法管理该指数，以确保该指数保持准确和透明。

区块链技术的交易所交易基金（ETF）投资于大型成熟公司和独立区块链公司，通过跟踪丰盛区块链技术指数，旨在通过独特指数组合和多元化投资组合提供资本增值机会。

中国深交所于2019年12月24日发布深证区块链50指数，指数代码为399286，以深交所上市公司中业务领域涉及区块链产业上中下游的公司为选样空间,包括硬件设备、技术与服务、区块链应用等，按近半年日均总市值从高到低排序，筛选排名前50名的股票构成样本股。深证区块链50指数采用自由流通市值加权，于每年6月和12月的第二个星期五的下一个交易日进行样本股定期调整。在深证区块链50指数的样本股中，标的涉及领域含银行、炒币、游戏、安全、证券、图片版权、信息技术、精准医疗等，包括视觉中国、众应互联、平安银行、恺英网络、卫士通、同花顺等，基本覆盖了区块链的主要应用领域。与此同时，鹏华深证区块链50交易型开放式指数证券投资基金的申报材料获受理，若成功获批，将成为国内首支真正意义上的区块链主题基金。随着区块链技术瓶颈的不断突破和规模性商业场景的应用，将出现更多的区块链指数和指数基金。未来随着这类指数基金产品的落地，将为更多的投资人提供分享区块链产业发展红利的新途径。

4．去中心化指数

去中心化指数是一种不属于上述任何一类区块链指数且定义在0.0～1.0之间可精确计算的指数，用来定量评估区块链网络的去中心化程度，总体上反映了区块链网络中所有参与者对分布式账本的共识程度。因此，去中心化指数也可以称为区块链网络的共识指数。去中心化指数可为评估区块链网络的技术水平提供基础性的量化标准，对所有区块链及其数字代币进行公平性与安全性（优良性）评估。

区块链经济是共识经济，共识经济的特点是由多数人说了算的分布式P2P经济，而不是由少数人甚至极少数人控制的平台垄断经济。分布式区块链经济中的参与者必须是具有平等记账权利的对等实体，区块链网络的共识假设是多数参与者是协议或机制的诚实执行者。如果网络中存在参与者作恶，只要作恶个体的数量是少数，这个区块链网络也会是安全的。至于具体的多数是什么，对于PoX类共识证明机制，51%是多数的门限；对于BFT之类的分布式容错系统一致性共识协议，多数是指2/3。因此，公平性不仅是共识机制安全性对区块链共识经济的直接要求，也是人类社会发展对分布式数字经济的愿望所在。

根据本书第4章的分析，现有的一些区块链产品，如比特币、以太坊、莱特币、EOS等，都是事实上的计算中心化网络，区块链网络分布式账本的记账权由几个或几十个矿池所垄断，这对其余数以千万甚至亿级的参与者是不公平的，也会使"51%"攻击成为现实的安全问题。比特币网络与以太坊网络的分叉历史证明，矿工之间的囚徒博弈引发矿力"军备竞赛"，矿力"军备竞赛"产生计算中心化，计算中心化最终导致区块链网络分叉等安全问题。正如社会财富差距造成贫富悬殊的不公平问题一样，不公平的社会到处存在不安定的因素，处处是社会动乱的策源地，人人都可能成为恐怖分子。当社会中大多数人都不具有善良之心，人人心怀恶意，唯恐天下不乱时，这样的社会就没有了公序良俗，这样的社会就会出现"假作真时真亦假"。恶人横行，良人遭欺，劣币驱除良币，这样的社会就已经离崩溃不远了，或者已经是一个货真价实的恶社会了。

因此，区块链网络共识机制的本质就是通过技术实现多数决定少数的集体决策原则。社会居民收入的差距用基尼系数来定量评估：基尼系数小于0.2时，居民收入过于平均；为0.2~0.3时，较为平均；为0.3~0.4时，比较合理；为0.4~0.5时，差距过大；大于0.5时，认为差距悬殊。同样，区块链共识网络的公平性可以用去中心化指数来衡量：去中心化指数小于0.5的网络，被认为是中心化的；为0.5~0.6的，是偏中心化；为0.6~0.7的，是合理去中心化；为0.7~0.8的，是较去中心化；而大于0.8的，则可以认为是去中心化的。区块链网络中数字资产价值共识的广度、流通的范围、普惠的程度都与去中心化指数值成正比。

参考文献

[1] 张雪玲，焦月霞. 中国数字经济发展指数及其应用初探[J]. 浙江社会科学，2017(4)：32-40.

[2] 新华三集团数字经济研究院. 中国城市数字经济指数白皮书（2017）[J]. 中国信息化，2017(5)：73.

[3] Nardo M, Saisana M, Saltelli A, et al.. Handbook on Constructing Composite Indicators: Methodology and User Guide[J]. Oecd Statistics Working Papers, 2008, 73(2)：1111.

第 2 章

区块链网络瓶颈问题及其解决方案

2.1 区块链技术的历史和现状

区块链作为比特币的基础技术，具有去中心化、去第三方（中间方）、去信任、匿名、开放、可追溯、分布式和不可篡改等特点，在数字货币、跨界支付、金融科技、智能合约、证券交易、电子商务、物联网、社交通讯、文件存储、通证确权、股权众筹等领域具有广泛的革命性应用[1,2]。区块链是一个由不断增长的（交易）记录块用密码技术链接并封装的数据链表。每个区块通常包含其前一区块的加密哈希值、本区块的时间戳和交易数据。因此，区块链技术具有固有的抵抗数据篡改的能力。区块链采用一个开放的分布式总账本以高效、可核实和永久性方式记录交易双方之间的交易值。通常由一个对等网络（Peer to Peer）采用某种共识方式对新建区块的添加进行验证。区块一旦被记录，不可能通过修改单一区块而不考虑修改其后续区块即可改变该区块内的交易数据，因此，对历史区块中交易数据的修改只有通过多数网络节点合谋攻击（Collusion Attack）才有可能实现。

区块链是分布式计算系统一种具有拜占庭容错（Byzantine Fault Tolerance，BFT）的典型安全应用。由分散节点形成去中心化的共识机制使得区块链非常适合事件记录、医疗记录和其他档案管理活动，如身份管理、交易处理、记录源、食品溯源或网络投票。

Stuart Haber 与 W. Scott Stornetta 早在 1991 年就提出了用密码技术封装区块链[3]。1992 年，Bayer、Haber 与 Stornetta 将 Merkle 树引入区块设计，以提高效率，使得一个区块可以收集多个文档[3]。2002 年，David Mazières 与 Dennis Shasha 提出了一种采用分布式信用的网络文件系统，文件系统用户之间相互信任但不必信任网络，用户通过将承诺签名写入共享签名链来取得整个文件系统的完整性（签名链只供增加），签名链保存文件系统 Merkle 树根[4]。该文件系统可以看作一个原型区块链，其中所有用户通过授权写入区块文件，而现有区块链则通过解决密码学难题建立新区块。2005 年，Nick Szabo 提出了一种可用于分布式财产契据和"Bit Gold"（比特金）支付系统的类区块链系统，使用链式工作量证明机制与时间戳，但其中解决双花问题的方法易受女巫攻击（Sibil Attack）[5]。

作为数字加密货币系统中一种公共交易总账本，区块链由匿名中本聪（Satoshi Nakamoto）于 2008 年以比特币方式发明[1]。通过区块链总账本，比特币系统解决了数字货币两大问题：双花问题（Double Spending）和拜占庭将军问题（Byzantine Generals Problem）。

比特币双花问题不再需要可信第三方或中央服务器，参与节点均拥有一份区块链总账本,用来校验交易的合法性与有效性,节点间无信用要求。

拜占庭将军问题是现实世界信任问题的共识模型,在分布式网络中可抽象为"在缺乏可信第三方中心节点的条件下,分布式节点之间如何达成共识形成互信"的问题。

区块链使用 PoW(Proof of Work,工作量证明)和 PoS(Proof of Stake,权益证明)或其他一致性共识机制,通过加密技术使一个不可信网络变为一个可信网络,所有参与节点可以达成一致,而不需第三方可信节点的参与。比特币去中心化的设计已经成为其他去中心化应用的技术和思想来源,数字加密货币技术可以认为是区块链 1.0 版。

"区块链 2.0"一词出现于 2014 年,专指一类分布式区块链数据库新应用[6]。《经济学者杂志》(The Economist)将第二代可编程区块链应用描述为一种可编程语言,允许用户写入复杂智能合约,可以生成货到付款发票,或者生成一种利润预期自动分红股票[2]。区块链 2.0 技术可以超越交易处理范围而用于不需强大中间人作为金钱与信息仲裁方的价值交换领域。区块链 2.0 技术可以让被世界孤立的人们走入全球经济体,保护参与者隐私,允许人们金融化自己的信息,让知识产权创造者得到收益。此外,区块链 2.0 技术可使个人数字身份与角色得到永久保存,并提供一种有助于解决社会不公的技术途径,可能通过改变社会财富分配方式实现。

不过,至今区块链 2.0 技术仍需基于时间或市场条件由外部输入相关数据与事件信息来互动。2016 年,俄罗斯联邦中央证券托管所宣布一项基于 NXT 区块链 2.0 平台的领航项目,开发基于区块链的自动投票系统[7]。2016 年 7 月,IBM 在新加坡成立一个区块链创新研究中心[8]。2016 年 11 月,世界经济论坛的一个工作组专门就有关区块链治理模型的开发展开讨论[9]。根据有关统计,2016 年区块链技术在金融服务领域的应用率已达 13.5%,已经达到技术创新传播理论所规定的早期应用期规模。2016 年,由全球数字商会倡议各行业贸易团体共同创建全球区块链技术论坛[10]。

区块链技术可以应用到多个领域,而目前主要作为各种加密数字货币的分布式总账本,如比特币。截至 2020 年 7 月中旬,至少有 36 家央行公布了零售或批发中央银行数字货币(CBDC)工作,至少有 3 个国家(厄瓜多尔、乌克兰和乌拉圭)已经完成零售 CBDC 试点,巴哈马、柬埔寨、中国、东加勒比货币联盟、韩国和瑞典 6 个零售 CBDC 试点正在进行中。同时,18 家中央银行已发表关于零售 CBDC 的研究,Burgos 和 Batavia (2018)、基塞列夫(2019)和日本银行(2020)等 13 家银行宣布开展批发 CBDC 的研发工作[11]。

从长远观点来看,区块链技术很可能改变传统业务的经营模式。区块链分布式总账技术与其说是一项颠覆性技术，不如说是一项可为全球经济和社会系统建立新基础设施的奠基性新型技术，通过为传统商业模式提供低成本的解决方案而迅速取代现有公司。一些从概念发展出来的区块链产品已经投入运行，这些区块链技术可提高全球供应链、金融交易、资产台账和去中心化的社会网络的处理效率[12]。区块链协议便于企业在支付和数字货币系统中采用数字交易处理新方法，促进众筹或实施市场预测和发展其他通用治理工具，某些区块链技术可能颠覆现有商业模式。

去信任（Trustless）的区块链技术可以降低交易中的资本纠纷，降低系统性风险和金融欺诈，通过自动化业务操作流程提高处理效率。理论上，区块链技术可用于税收、物流和风险管理。作为一种分布式记账技术，区块链技术可以降低交易验证成本，消除诸如银行"第三方"信任，从而降低系统组网成本[13]。从金融领域开始，区块链技术不断推广至去中心化与无中间方的协作性组织，正在向以分布式社会治理为目标的区块链3.0发展，已经在金融、保险、医疗、军事、政务、慈善、投票、供应链管理、身份识别、艺术创作、公共设施管理、废物回收、边境管制、企业管理、产品溯源、不动产交易、航海运输、遗嘱保存、版权保护和区块链游戏等行业中得到开发应用。

军队在未来战争中的胜负取决于其是否能成功执行数据作战行动，确保网络攻防战的制胜权，即确保自己生成、存储、分发、处理、分析和利用信息的能力，同时干扰对手的对等能力。随着恶意软件和嵌入式计算设备数量的不断增长，以数据窃取为手段的数据操控威胁愈显迫切。虽然网络威胁不断发展，但网络防御技术发展缓慢。因此，军队要在数据战中取得胜利，需要开发一种能够防止数据被敌方操控的网络防御模型。区块链是一个分布式的、公共的、透明的、可信的账本，可以永久记录对网络或数据库的修改。区块链没有传统网络安全模型中许多有问题的假设条件。去信任的区块链假设会受到内外部攻击，其透明安全性仅依赖一种无密钥的加密数据结构（哈希链）作为安全协议的安全基础，不依赖易出现问题的所谓秘密，其分布式账本具有容错性，通过共识机制协调诚实节点的工作并拒绝不诚实节点。利用区块链的去信任、透明和容错三个属性，我们可以重新构思网络空间系统和网络体系结构，因此区块链技术的军事应用潜力巨大。美军和北约军队已经开展的军事区块链应用项目包括：军事系统数据完好性保护，弹性通信，情报工作绩效激励，军队供应链管理，军事后勤物流管理，以及去中心化武器系统设计。

2016年1月19日，英国政府发布《分布式账本技术：超越区块链》(*Distributed Ledger Technology : beyond the Blockchain*) 白皮书，肯定了区块链的价值。2019年1月24日，

英国金融监管机构 FCA（Financial Conduct Authority，金融市场行为监管局）发布了一份名为《加密货币资产指南》（*Guide to Encrypted Assets*）的文件。

2019 年 9 月 18 日，德国批准了区块链战略草案，确定了政府在区块链领域的优先职责，包括数字身份、证券和企业融资等。德国希望利用区块链技术带来的机遇，挖掘其促进经济社会数字化转型的潜力。

据路透社 2020 年 9 月 18 日报道，欧盟内部文件显示，未来四年，欧盟将加强新规定，促进在国际转账中使用区块链和数字资产，欧盟将解决与这些技术相关的风险。到 2024 年，欧盟将建立一个全面的框架，使分布式记账技术和加密资产能够在金融领域得到应用。

2020 年 10 月 15 日，美国白宫发布《关键与新兴技术国家战略》（*National Strategy for Critical and Emerging Technology*），列出了包含 20 项"关键与新兴技术"的清单。其中，"分布式记账技术"（Distributed Ledger Technologies）被列为美国国家安全技术，旨在促进和保护美国在尖端科技领域的竞争优势。2022 年 3 月 9 日，美国总统签署《关于确保数字资产负责任发展的行政命令》（*Executive Order on Ensuring Responsible Development of Digital Assets*），为美国制定加密货币方面的法规奠定了基础。该行政命令旨在寻找方法，减轻个人消费者和全球金融系统的风险，同时防止加密货币被"滥用"于违法犯罪活动，巩固美国作为技术创新领导者的角色，使"传统银行系统服务不到"的美国人能够获得更多的金融机会。

在国内，EVONature 区块链技术研究团队集中解决了公共区块链共识证明机制的安全性与效率瓶颈问题，通过研究公平、安全、稳定、绿色的 PoI 证明算法，设计自适应的高效异步并发共识协议，与分布式对等云计算网络相结合，突破制约区块链大规模商业应用中的不可能三角（Blockchain Trilemma），提出了可以同时实现公共区块链网络去中心化、可扩展性和安全性的分层分片共识证明区块链网络体系结构和方法，同时提出了区块链二级身份结构，解决去中心化的匿名交易与实名监管/仲裁矛盾问题。

2019 年 10 月 24 日，中共中央政治局就区块链技术发展现状和趋势进行第十八次集体学习。习近平总书记在主持学习时发表了讲话。他指出，区块链技术应用已延伸到数字金融、物联网、智能制造、供应链管理、数字资产交易等多个领域。目前，全球主要国家都在加快布局区块链技术发展。我国在区块链领域拥有良好基础，要加快推动区块链技术和产业创新发展，积极推进区块链和经济社会融合发展。

习近平强调，要强化基础研究，提升原始创新能力，努力让我国在区块链这个新兴领域走在理论最前沿、占据创新制高点、取得产业新优势。要推动协同攻关，加快推进核心技术突破，为区块链应用发展提供安全可控的技术支撑。要加强区块链标准化研究，提升国际话语权和规则制定权。要加快产业发展，发挥好市场优势，进一步打通创新链、应用链、价值链。要构建区块链产业生态，加快区块链和人工智能、大数据、物联网等前沿信息技术的深度融合，推动集成创新和融合应用。要加强人才队伍建设，建立完善人才培养体系，打造多种形式的高层次人才培养平台，培育一批领军人物和高水平创新团队。

2.2 区块链共识机制的安全问题

区块链网络的安全稳定运行必须解决对等网络的拜占庭将军问题，即在缺乏可信第三方节点的条件下，如何在分布式节点之间达成共识、形成互信。区块链分布式账本的共识方法一般分为两大类：激励类共识机制、非激励类共识协议。根据节点有无准入机制和分布式账本的透明范围，区块链可以分为公有链、私有链和联盟链，不同性质的区块链采用不同类型的共识方法。一般，公有链采用 PoW/PoS 等不需安全性证明的激励类共识机制，联盟链和私有链采用类 BFT、Paxos、Raft 等需要安全性证明的非激励类分布式系统一致性共识协议。Paxos 和 Raft 不考虑节点恶意攻击问题，此处不予讨论。

证明类共识被称为"Proof of X"类共识，即矿工节点在每轮共识过程中必须证明自己具有某种特定能力，证明方式通常是竞争性地完成某项难以解决但易于验证的任务，在竞争中胜出的矿工节点将获得记账权，属于有激励的共识机制，如 PoW 和 PoS 共识算法等。

选举类共识（也称为分布式一致性协议）是指矿工节点在每轮共识过程中通过"投票选举"方式选出当前轮次的记账节点，首先获得半数以上选票的矿工节点将获得记账权，属于无激励的共识机制，如 PBFT、Paxos 和 Raft 等。

随机类共识是指矿工节点根据某种随机方式直接确定每轮的记账节点，如 Algorand 和 PoET（Proof of Elapsed Time，所用时间证明）共识算法等。

联盟类共识是指矿工节点基于某种特定方式首先选举出一组代表节点，然后由代表节点以轮流或者选举的方式依次取得记账权。这是一种以"代议制"为特点的共识算法，如 DPoS（Delegated Proof of Stake，代理权益证明）等。

混合类共识是指矿工节点采取多种共识算法的混合体选择记账节点，包括激励机制与无激励机制的混合机制，如 PoW+PoS 混合共识机制与 DPoS+BFT 混合共识机制等。

主要公有链和关键技术如表 2-1 所示。

表 2-1 主要公有链和关键技术

代数	主要共识机制	主要技术特征	代表性区块链应用
第一代	PoW	区块链（block + chain）	比特币（Bitcoin）
第二代	PoW，PoS	智能合约，DApp	以太坊 1.0
第三代 第四代	PoS，DPoS，BFT-DPoS	链间松耦合互操作，异构多链网络	以太坊 2.0，Bitshares，EOS，Polkadot，Cosmos
第五代	BFT-DPoS	二维区块链结构，动态分片，链间紧耦合互操作，同构与异构多链网络	TON（Telegram Open Network）
第六代	HPoI（Hierarchy Proof of Intelligence，分层共识智能证明）	分层分片网络体系结构，一致性云区块收集、验证和存储，PoI 算法，图链账本结构，跨链分片机制，自适应共识协议，可监管二级身份结构	EVONature Open Network

2.2.1 PoW 机制的安全脆弱点

比特币系统是第一个采用工作量证明共识机制的公共区块链，主要安全问题取决于其 PoW 机制的安全性。中本聪将诚实"挖矿"与攻击"挖矿"之间的竞争行为抽象为一个二维随机行走过程，落后全局最长区块链 n 个区块的恶意"挖矿"者的追赶过程就是一个赌徒破产问题。因此，在相同区块间隔时间段数内，诚实者与攻击者赢得的区块数就是一个泊松过程。通过计算，当攻击者拥有 30% 的全网算力时，落后诚实节点区块链 5 个区块的恶意攻击仍能以 0.177 的概率后来居上；当攻击者拥有全网算力升至 40% 时，落后诚实节点区块链 6 个区块的恶意攻击能以 0.5 的概率后来居上。因此，恶意攻击不需要超过全网算力的一半就有可能攻击成功。当系统发生"51%攻击"时，攻击者容易产生双花攻击，但双花攻击成功的概率会随着新建区块的增加而降低，并且主要取决于攻击者的算力大小。因此，为了降低双花风险，商家一般会等待一定数量的新建区块确认，或者采用一些别的协议降低快速支付的风险。实际的比特币系统要求连续 6 个记录区块确认一个成功的交易，但主链不可避免地存在较短的临时分叉链。

基于"一 CPU 一票"的理想区块链投票假设，中本聪在比特币的技术白皮书中讨论了"51%攻击"问题，认为当区块链网络所有"挖矿"节点具有均匀的算力分布时，多数节点恶意共谋攻击成功的概率可以忽略。如果节点算力分布很不均匀，"51%攻击"就容易发生。比特币系统的现实问题是，基于纯散列函数计算的工作量证明是一种特别适合专业 ASIC（Application Specific Integrated Circuit，专用集成电路）计算设备高效处理的计算过程，这为恶意"矿池"提供了可行的算力垄断条件。利用大量的 ASIC 芯片进行区块伪造，可以直接瘫痪比特币交易系统。拒绝服务攻击（Denial of Service，DoS）和女巫攻击（Sybil Attack）是 PoW 和 PoS 的常见的共同攻击形态。

DoS 攻击是指发起以耗尽节点资源的方式达到瘫痪正常加密货币网络运行的目的。例如，攻击者可以发起众多低价值的交易洪水来冲击网络。2015 年 7 月曾经发生过大量的洪水交易攻击比特币网络。女巫攻击则是创造许多匿名的假节点造成网络中断。区块链网络遭受 DoS 攻击和女巫攻击，既与采用的共识机制有关，也与网络通信协议有关。PoW 共识机制特有的攻击方式可能是自私挖矿（Selfish Mining）[14]。自私挖矿就是攻击者选择性地释放已经挖得的区块来浪费诚实挖矿者资源。在 PoS 共识机制下，因为区块铸造不必投入昂贵资源，自私挖矿变得无利可图。此外，无证据显示自私挖矿成功攻击过比特币系统，因而有人认为这是一种虚假攻击。

2.2.2 PoS 机制的安全脆弱点

PoS 系统通过多数股权达成共识。2012 年，Sunny King（化名）提出了一种基于货币存量×保持时间的 PoS 机制，并与比特币 PoW 机制一起构成基于混合 PoW/PoS 证明机制的 Peercoin。但 PoS 机制的缺点是用初期 PoW 阶段获得的货币来参与稳定期的区块竞争，使 Peercoin 作为一种货币与支付系统对新用户显得不公平，系统最终退化为一种由初期参与者垄断的"贵族权益"竞争游戏[15]。

2013 年年底，以太坊架构师 Vitalik Buterin 发布"以太坊白皮书"[16]。以太坊采用 Slasher 机制，也是一种分时混合 PoW/PoS 共识证明机制。与其他混合型证明机制不同的是，Slasher 使用 PoW 生产区块，而使用 PoW+PoS 共同验证基于 PoS 铸造的新区块链。虽然 Vitalik Buterin 在 2018 年 1 月宣称半年内将以太坊 1/100 的区块采用 PoS 铸造，但至今以太坊仍然采用 100%的 Hashcash 计算的 PoW 共识机制。

Nxt 是 2013 年创立的与 Peercoin 不同的纯 PoS 货币。Nxt 在创造新币时没有使用 PoW，整个系统的货币有 10 亿个，在创世块里就已经被预订完成[17]。因此，铸造区块的唯一激励措施只剩下收取交易费用。Nxt 的交易与比特币的交易大不相同，因而导致其他有关协议也有许多不同。

Novacoin 是一种与 Peercoin 类似的混合 PoW/PoS 加密货币[18]，两者的主要不同是：Novacoin 报酬公式比较保守，报酬在 64x 难度后才会减半（Peercoin 是 16x）；PoS 使用币日权重（coin day weight）而非币龄。另外，PoS 的报酬是由消费的币龄和 PoS 的难度共同决定的。

黑币（Blackcoin）也是一种混合型加密货币[19]，创始财富的分配使用 PoW，之后采用 PoS。黑币用户权益的计算是用户权益占总货币供给的份额，铸造者得到相当于年利率 1%的报酬，因此，黑币是一种通胀货币。

BitShares 是一种多形态的数字资产，其功用像一种内部使用的货币[20]。BitShares 采用依赖于见证人概念的 DPoS 机制。权益所有人在铸造区块时可以选择任意数量的见证人。每个权益所有人拥有的选票相当于他所拥有的 BitShares 的数量，这些选票任意分配给所有的见证人。除了选择见证候选人，用户还需要决定选择多少见证人才足以形成充分的权力分散（去中心化）。与见证人一样，系统用户选定委托人，委托人有权力改变网络协议参数，如交易费用、区块大小、区块铸造间隔时间和见证人的报酬。如果要改变网络协议，委托人和一个被称为创世账户的特殊账户需要一起签名。当超过半数的委托人同意这个变更建议后，权益所有人有两个星期可以召回他们的委托人并且取消变更。委托人无法像见证人一样获得工作上的报酬。

Ouroboros 是一种持久性和活性增强的 PoS 系统[21]，使用掷硬币协议来产生领导人选举的随机性。然而，若假定大多数领导人在一个区块链时代都是不可收买的（incorruptible），它就无法避免有针对性的攻击。

尽管 PoS 机制可以解决区块链记录共识机制的能源问题，区块链因而可能成为一种绿色环保的去中心化系统，但在网络安全方面，PoS 机制存在固有的缺陷。大部分 PoS 机制的问题源于只考虑了本身区块链上的所有交易数据，并没有一个类似 PoW 系统中真实的外部物理点作为区块链的定锚：为解决复杂密码学难题必须投入的算力。因此，直觉上，PoS 机制比较容易遭受攻击。已经发现 PoS 机制具有如下几种安全脆弱性[22]：无风险（Nothing at Stake）攻击问题、初始分布问题、长程攻击（Long Range Attack）、贿赂攻击（Bribe Attack）、币龄累积攻击（Coin Age Accumulation Attack）、预先计算攻击（Precomputing Attack）。

1．无风险攻击问题

初级的 PoS 计算方式会造成一个严重的问题：一旦区块链有分叉情形，网上理性用户会在两个分叉路上都进行区块铸造。但是这种行为在 PoW 系统里是不理性的。如果分散采矿资源到不同分叉路，每条分叉找到区块的可能性就会降低。因此，PoW 系统专注在一个路径上采矿才是最适当的策略。PoS 算法则相反，找到区块的概率并不会因为试图在多个路径上同时铸造区块而减少。因此，在 PoS 系统中，用户在所有已知分叉路上进行区块铸造是合理的行为，在某些情况下，用户也可能认为在区块链中间点建立区块分叉更为合适。无风险攻击问题是容易导致双花或其他依赖于区块链分叉的攻击。委托式 PoS（DPoS）系统的受托人必须提供权益给区块铸造基金，通过罚没这些基金来杜绝这类攻击。

2．初始分布问题

在 PoS 系统的创始期，用户投入 1000 个币可能取得所有货币的 10%的先发优势，而系统普及后，相同的资金可能只占有整个货币总额的 0.01%。因此，在 PoS 系统中，初始货币拥有者一般不愿意转让其货币余额。比特币或其他 PoW 系统并不存在先占优势：大家都需要为开采货币不断地改进硬件并且优化资源的投入。PoS 系统实施时，一般以其他计算方式处理初始财富的分配，如 Peercoin 和以太坊都利用 PoW 算法来创造新的货币。

3．长程攻击

在 PoS 系统中，因为攻击者在他自己建立的区块链中能够自由挪动钱币，因此具有足够计算能力的攻击者，能够从创世区块开始建立一条支链。委托式 PoS 同样容易受到这种攻击。在 PoW 系统中，长程攻击是不可能发生的。为了防止长程攻击，协议本身可以指定从分叉点开始的最大深度，但是这个限制并没有解决新参加者问题。新用户并不能区分多个区块链的真伪，如果从可靠来源去下载，系统就变成了半中心化了，而且并不是完全可信。尽管如此，从可信来源下载区块链几乎被所有 PoS 系统所采用。

4．贿赂攻击

当攻击者购买商品的正常交易被确认后（如生产 6 个新区块），攻击者宣告在被截断的区块链（不包括那笔正确的支付交易）上建立区块的报酬方式，攻击者可以提供较多报酬给那些愿意在他的区块链上铸造新区块的用户。攻击者为了得到更多数的支持，即使攻击区块链长度赶上有效区块链，也可能继续支付贿款。如果攻击失败，参加攻击的用户并不会因此而遭受任何损失；对于攻击者而言，只要总贿赂金少于商品价格，他就有利可图。这就是贿赂攻击，也称为短程攻击。

与 PoW 系统比较，攻击者需要收买多数采矿者，而且一旦攻击失败，所有攻击算力等于浪费，贿赂金额可能高到没有人敢做。不过，委托式 PoS 系统可以防止贿赂攻击。

5．币龄累积攻击

币龄累积攻击针对 Peercoin 等消费币龄（币数×时间）的 PoS 系统特别有效。初版 Peercoin 的协议中，币龄没有上限，攻击者只要等得够久，就能累积足够币龄控制整个网络。如果多个用户尝试这种攻击，可能导致网络崩溃。后期的 Peercoin 协议将币龄限制在 90 天内。同样，Novacoin 和 BlackCoin 对币龄都有限制。限制币龄可以提高系统安全性，但减弱了币龄权益的好处。

6．预先计算攻击

权值证明系统中节点投票铸造新块的概率取决于前一区块的哈希值、节点地址、时间戳，以及铸造的难度、权益值，因此拥有大量算力的攻击节点可以通过修改或增加当前区块的交易影响该区块的哈希值，进而能够为自己继续铸造下一区块创造好的前置区块哈希值。如果当前区块的哈希值不利于满足铸造下一区块的散列计算条件，攻击者就可以改变插入交易的参数后继续尝试。攻击者扫描自己所有的钱包账户并且针对每个允许的时间戳计算下一区块的散列计算铸造条件。这就是预先计算攻击。

预先计算攻击者能够建立一个长链，以便侵占更多的费用并进行双花。预先计算攻击的有效性有赖于攻击者的权益和系统中钱包账户的总数。在 PoW 系统中，预先计算攻击理论上是不可行的，因为生成一个所谓"好的"哈希值所需的工作量比生产有效区块的工作量呈指数级增加。同理，因为区块审核者的顺序不受新区块属性影响，委托式 PoS 共识机制能够防御预先计算攻击。

表 2-2 是 PoW 和 PoS/DPoS 安全脆弱性比较[22]。PoW 机制可根据系统的总哈希速率来预测其遭受攻击的可能程度，PoS/DPoS 机制似乎不存在类似标准衡量网络的健康状态。如果权益的分布比较均匀，那么系统易于遭受以区块链分叉点为基础的攻击。如果权益分布不均匀，那些拥有大量权益的用户可能比较容易通过预先计算攻击造成网络运行中断。

表 2-2 PoW 和 PoS/DPoS 安全脆弱性比较

攻击类型	安全脆弱性		
	PoW	PoS	DPoS
贿赂攻击	不存在	存在	不存在
长程攻击	不存在	存在	存在
币龄累积攻击	不存在	可能	不存在
预先计算攻击	不存在	存在	不存在
拒绝攻击	存在	存在	存在
女巫攻击	存在	存在	存在
自私挖矿攻击	可能	不存在	不存在

2.2.3 分布式系统一致性BFT协议的安全性

Tendermint[23]和 Casper[24]采用拜占庭容错（BFT）协议来选择委员会达成共识，并能容忍多达三分之一的恶意节点。然而，在这些方案中使用的 PBFT（Practical Byzantine Fault Tolerance，实用BFT）协议具有显著的通信成本，并且只能扩展到几十个计算节点[25,26]。此外，在任何人都可以参与的公共区块链上，PBFT存在安全问题。PBFT的无权限特性使区块链面临女巫攻击的风险[27]，在这种情况下，对手可以创建任意数量的假名。还有，一旦对手能够预测他们的身份，缺乏可公开验证与无偏见的随机性使得民选委员会面临着被攻击的风险[28]。有专家讨论了BFT协议与区块链一致性之间的关系，并着重讨论了如何为区块链优化BFT[29]。

zyzyva[30]使用推测来简化BFT状态机复制，并可以显著减少复制开销。

SBFT是一个可扩展、信任和去中心化的区块链基础设施[31]，可以处理数百个活动副本并支持以太坊的智能合约。

HoneyBadgerBFT[32]提出了一种原子广播协议来优化BFT的通信复杂度，使得异步BFT能够支持数百个节点。HoneyBadgerBFT和BEAT的进一步性能改进并不明显，因为它们运行两个独立的广播和投票子协议，每个子协议都已经过优化[33]。

ByzCoin[34]利用集体签名，优化基于BFT的区块链的交易承诺。

RandHound 和 RandHerd[35]具有可公开验证、不可预测和无偏随机性等特性。

Algorand[28]以异步轮次的方式增长区块链，在一轮中，每个节点计算一个可验证的随机函数来确定它是否是委员会成员。一旦验证人发送一条消息，用它的投票证明它的成员资格，Algorand立即替换参与者。这些提案虽然可以避免Sybil攻击和目标攻击，但既有安全问题，也存在履约问题。例如，Algorand在可验证随机函数（Verifiable Random Function，VRF）调用的随机性方面易受偏差影响[36]，而ByzCoin可能无法就委员会选举达成一致，如混合共识系统中所述[37]。

2016年，Leemon Baird提出了Hashgraph，它不使用通信来投票而只广播事务，是一种在结构上与众不同的最高效的异步BFT（Asynchronous Byzantine Fault Tolerance，ABFT）协议，具有公平、快速、可证明安全、拜占庭容错、ACID、高效、绿色、带时间戳和防DoS攻击等特点，并且经过改造也可以用于公共区块链共识。在相同节点数下，Hashgraph在保持吞吐量不变的前提下，延迟可以比HoneyBadgerBFT和BEAT降低一个数量级，同样，在延迟保持不变的条件下，吞吐量可以提高一个数量级（见hedera网站）。表2-3列出了典型区块链共识机制的各项性能与特征对比情况。

表 2-3 典型区块链共识机制对比

共识机制	能耗	出块时间	安全性（信任模型）、节点存储量和带宽需求	一致性	去中心化	应用场景
PoW	巨大	长	面临51%攻击，节点存储量大、带宽需求高	易分叉	计算中心化	公有链，无信任环境
PoS	低	较短	解决了51%攻击，中间步骤较多，易产生安全漏洞，节点存储量大、带宽需求高	易分叉	权益中心化	公有链，无信任环境
DPoS	低	秒级	解决了51%攻击，中间步骤较多，易产生安全漏洞，节点存储量大、带宽需求高	易分叉	部分	公有链，无信任环境
PBFT	较低	较慢	安全性较低，容忍1/3恶意节点，节点存储量大、带宽需求高	最终性	低	联盟链，私有链，可信环境
类BFT	较低	快	安全性较低，容忍1/3恶意节点，节点存储量大、带宽需求高	最终性	低	联盟链，私有链，可信环境
PAXOS RAFT	较低	快	不容忍恶意节点，允许存在1/2节点故障与链路问题，安全性低，节点存储量大、带宽需求高	最终性	低	联盟链，私有链，可信环境
SCP	较低	快	渐进安全，可调整参数抵御强大算力对手，节点存储量大、带宽需求高	最终性	低	私有链，完全可信环境
HPoI	较低	快可调	"一CPU一票"解决了51%攻击，云计算节点存储量大、带宽需求高，用户节点无存储量需求、带宽需求低	最终性	完全去中心	公有链，无信任环境，也可用于联盟链与私有链

2.3 公平、安全、稳定、节能的工作量证明算法：智能计算成果量证明

PoS 暴露了 PoW 所没有的重大安全威胁，PoS 的脆弱性源于该协议没有外部世界的物理锚点，所有依赖 PoS 的货币都需要额外的协议来确保系统安全。例如，货币初始分布用限时的 PoW 来解决，预防双花攻击的交易要求添加最新区块信息。我们认为，这些方法都是不够完美的临时方案。PoS 机制并不像 PoW 那么客观，一个新的用户无法仅仅依靠协议规则和一串区块以及从网友传来的信息就能够准确定位 PoS 系统的状态。为了阻止区块链里的长程分叉，PoS 系统需要实施弱主观性控制，即结合协议规则和社会驱动的安全措施。引进社会化管理措施势必减弱 PoS 区块链系统的去中心化特点和数学上的完美性。

Vitalik Buterin 曾经说过[16]："所有纯粹的 PoS 系统到后来就变成了一群永远不退位的贵族，他们是创世区块的会员而且具有最终的发言权。无论以后经过千万个区块，创世区块会员都能够重新聚集并另外发起一个分叉，利用另一批交易的历史使得这个分叉

取代原来的区块链。"因此,安全的区块链共识机制必须建立在对真实的外部资源的有效证明基础上,任何虚拟的 PoS 都不能够确保网络的安全性。这样,问题就回到了 PoW 机制中的工作量性质问题,数字网络世界中什么样的资源可以作为 PoW 的计算基础?计算科学要解决的基本问题就是设计求解可计算问题的图灵计算模型下的可行算法,而衡量算法的可行性标准包括空间复杂性与时间复杂性,因此 PoW 机制的工作量可以是可验证、可调节的某标准计算问题的时间复杂度和/或空间复杂度,如 Hashcash 计算、素数链搜索、随机幻方构造等。作为 PoW 计算问题的关键条件必须具有问题难度的线性可调节性与结果的即时可验证性。

如果考虑 PoW 机制的公平性、环境友好与效益等问题,PoW 计算问题的选择就是一个永恒的研究课题。有些计算问题虽然具有效益性,但缺乏可验证性。假如有一种加密货币的网络计算可以推动治疗癌症的研究,那么它的社会效益将远超电力成本。

例如,最接近癌症治疗的计算是 Folding@home 项目,但这个计算问题缺乏数学上的可验证性,一个不诚实的矿工能够轻易制造让 PoW 机制难以分辨的虚假计算,但对社会毫无益处。

正是考虑到 Peercoin 币 PoS 机制的不公平性,Sunny King(化名)提出了一种基于寻找最长素数链(Cunningham chain 和 Bi-twin chain)的 PoW 机制的素数币 Primecoin[38],使找到的符合长度要求的素数链与区块的时间戳散列值满足一个整除关系,并通过改变素数链的长度来调整其 PoW 证明机制的"挖矿"难度。素数币 PoW 机制虽然是一个很重要的进步,使大规模、低成本专业 ASIC 硬件的蛮力搜索成为历史,但由于素数分布的不均匀性使得 PoW 的难度调节成为具有极大偶然性的非线性问题,因而实际素数币的 PoW 难度常出现不易预测的较大波动,给恶意攻击者提供了伪造区块的机会。此外,素数币预防重复投票的协议过松,不可能有效杜绝通过存储积累已发现的素数链进行重复投票的攻击,破坏了诚实挖矿节点的公平性。通过 6 年实际运行,素数币已经接近退出数字加密货币市场,其运行历史已经说明了素数链搜索不可作为 PoW 机制中的数学计算问题。

格雷德币(Gridcoin)共识机制设计充分考虑了杜绝 ASIC 渗入的方案,保证只有 CPU 和 GPU 才能挖矿[39]。PoW 算法使用独创的 Sleep-scrypt GPU 计算,而 90%的算力通过伯克利开放式网络计算平台 BOINC 把算力贡献给科学计算。BOINC 是全球最大的网格计算平台之一,运行的科学计算项目比较有名的包括:① 搜寻外星文明发出的无线电信号;② 寻找引力波存在的证据;③ 蛋白质结构预测和设计;④ 研究气候变化的趋势；⑤ IBM 公司主持的分布式计算项目，包含多个生命科学类子项目。

格雷德币网络贡献的共识计算工作量是一种混合计算，共识证明算法在新建区块时得不出客观公平的有效工作量证明验证评估结果，致使网络参与者失去兴趣。虽然格雷德币运行初期因为环保和效益理念比较受到业界关注，但最终还是因为其共识算法固有的缺陷而实质性退出了加密货币市场。

根据已有各种 PoW 共识算法的运行经验与理论研究，我们认为，一个好的 PoW 共识机制的计算问题按必要性程度应该具有以下 10 种性质：① 计算问题的时间复杂度线性可调节；② 计算结果可验证；③ 计算结果验证过程简单；④ 有效计算工作量（结果）不能被重复利用；⑤ 计算问题的最优算法不能采用 GPU/FPGA/ASIC 实现，或者 GPU/FPGA/ASIC 实现没有明显的效率优势（性价能耗比）；⑥ 计算问题具有科学与技术研究价值、社会价值、经济价值；⑦ 计算问题表示简单，不需专业背景；⑧ 计算问题具有足够长的研究历史；⑨ 计算问题为 NP 问题或近似 NP 问题；⑩ 计算问题具有广泛的研究兴趣。关联约束随机幻方构造问题全部符合以上 10 种性质，因此是一个可用作 PoW 共识证明机制的完美计算问题。

发展区块链技术主要解决两方面问题：一是数据存储与安全问题，二是高能耗问题。数据存储问题包括数据的安全存储、共享、分析与流通，通过密码技术确保数据的授权访问、隐私保护、防伪检测，使各领域有效数据通过区块链技术发挥作用。区块链分布式账本记录采用 PoW 共识机制，确保只有完成一定计算工作量的参与节点有权记录新区块。维护区块链安全的共识机制需要工作量证明，比特币系统专业"矿池"耗费的巨大能源已经成为区块链技术发展过程中不可忽视的瓶颈问题。

近年来，人们采用各种方法估算区块链网络所消耗的电力[40]。被广泛引用的实时模型是剑桥比特币耗电指数（Cambridge Bitcoin Electricity Consumption Index，CBECI）[41, 42]和数字经济学者比特币能耗指数（Digiconomist Bitcoin Energy Consumption Index，DBECI）[43, 44]，这两种方法都使用了基于某些假设的经济模型。

CBECI 由剑桥金融中心于 2019 年 7 月开发并发布，旨在提供比特币网络消耗的总电力的实时估计。CBECI 采用自下而上的技术经济方法，通过查看实际采矿设备，根据特定时间使用的硬件构建模型，然后使用该采矿设备的效率或规格来推断比特币的年用电量。

DBECI 由 Alex de Vries（亚历克斯·德弗里斯）创建，采用自上而下的经济方法估算比特币矿商的收入，然后假设其中一部分收入用于支付电费，通过对全球平均电力成本进行建模，可以计算出所使用的能源。

根据剑桥大学的研究，比特币网络的下限消耗量几乎相同，相当于每年 40.46 TWh（相当于新西兰 2020 年总耗电量，TWh 即太瓦时），估计消耗量为 128 TWh（太瓦时），超过了阿根廷、挪威或荷兰等国家 2020 年的能源消耗水平。随着加入节点的增加，区块链网络的总耗电量一般是逐步递增的。从 2020 年年底开始，比特币和以太坊网络的总能耗快速增加，并在 2021 年 3 月份达到最高水平，分别为 78.04 TWh 和 25.19 TWh。按照 0.7 kg/kWh（千瓦时）的二氧化碳当量（Carbon dioxide equivalent, CO_2e）排放标准计算，比特币网络的总碳足迹相当于每年 4100 万吨 CO_2e，以太坊网络的总碳足迹相当于 1400 万吨 CO_2e。

根据 DBECI 研究，在比特币上进行一笔交易需要消耗近 792 kWh 的电能，相当于 376 千克 CO_2e 的碳足迹，这与玻利维亚的人均电能消耗量相当；在以太坊网络进行一笔交易需要 63 kWh 的电能或近 30 kg CO_2e 的碳足迹，相当于利比里亚的人均电能消耗。

随着加密货币区块链网络的日益普及和使用，加密货币的经济价值与安全需求将增加，PoW 系统将导致能源需求暴增。2020 年，BTC 交易的平均价值为 39960 美元，ETH 交易的平均价值为 2158 美元，可以据此计算每千克 CO_2e 排放的交易价值，即 BTC 的平均交易额为 106 美元，ETH 的平均交易额为 71 美元。据估计[45]，按照当前比特币网络节点的发展速度，30 年内比特币网络的能源消耗所排放的总碳足迹可使地球温度上升 2°C。

受巴黎气候协议启发，全球经济各行业都在推动脱碳进程。快速增长的加密货币需求和区块链解决方案使区块链网络的能源消耗及其对全球气候的影响日益严重。2021 年 4 月，由非营利性能源网（Nonprofits Energy Web）、创新监管联盟（Alliance for Innovative Regulation）和 RMI 牵头，联合 20 多个支持组织，包括 UNFCCC 气候冠军（UNFCCC Climate Champions）、CoinShares、Consensys、Web 3 基金会、HUT 8、Ripple 和全球区块链商业委员会（Global Blockchain Business Council）等，倡议成立 CCA（Crypto Climate Accord，加密气候协定），致力于尽快实现加密货币行业脱碳[40]。CCA 与协议支持者合作，将最终确定三个临时目标：① 到 2025 年《联合国气候变化框架公约》缔约方会议，使全球所有区块链都能 100%使用可再生能源；② 制定一项开源会计标准，用于衡量加密货币行业排放量；③ 到 2040 年，实现整个加密行业净零排放，包括区块链及其可追溯排放之外的所有业务运营。

因此，寻找可替代纯 Hashcash 计算的 PoW 机制的完美方案一直是区块链学术界的研究目标，也是区块链技术的底层创新内容。比特币和以太坊等加密区块链网络以其杰出的创新理念与技术思想获得快速发展,我们有必要针对两个既相互关联又具有不同意义的问题展开研究。

第一个问题是PoW的公平性、安全性、绿色环保和开源性。首先,PoW的公平性是指中本聪在比特币系统中提出的"一CPU一票"的理想区块链记账竞争投票方式,即节点投票数越多,获得区块记录权的概率就越高,投票数仅与节点CPU的性能成正比。因此,PoW的公平性要求工作量证明过程只能依赖联网计算机的CPU算力,使大规模的"专业矿池"不仅在技术上不可能,在经济上也不可行。全网工作量证明算力由CPU的数量决定,竞争区块链记账机会的投票权均匀分布。其次,PoW的安全性要求区块工作量证明难度可以进行线性或准线性调节,确保区块生产速度平稳。因此,用于PoW证明机制的公开难问题必须具有海量解的性质,而且存在求解该问题的快速随机搜索算法,通过密码散列值计算,可以统计解的数量,调节求解该问题的工作量。

第二个问题是如何将比特币等数字加密货币系统中惊人的算力加以有效利用,解决某些不能采用"分而治之"方法依靠大规模并行计算求解的NP问题。如果能将一些有价值的科学问题(如数论中特殊素数的搜索)和工程问题(如组合优化问题、密码分析问题)转化为比特币网络中的工作量证明过程,系统耗费的巨大能源就可以产生社会价值,而这样生产出来的数字加密货币也就真正具有了内在价值。例如,将需要超强计算资源的密码分析问题转化为工作量证明过程利用对等网络开展搜索,可能是密码分析工程的一条新思路。EVONature区块链技术研究组前期研究旨在解决区块链工作量证明所产生的高能耗与"计算中心化"问题,提出了一种基于智能计算求解随机幻方构造的组合数学问题的工作量证明方法,简称成果量证明算法。随机幻方构造成果量证明算法可以消除PoW机制固有的ASIC矿机"军备竞赛",解决"计算中心化"问题,大大降低因维护区块链安全必需的工作量证明能耗。研究过程中我们发现,成果量证明算法必须解决智能计算成果的抗复用问题,以期实现公平、安全、绿色、完美的区块链共识证明体系结构。

2.4 关联约束随机幻方构造PoI证明算法

幻方是一个具有悠久历史的组合数学问题。由1到n^2的连续自然数排成一个$n \times n$的矩阵,使每行、每列以及两主对角线上数字之和均等于常数$C = n \times (n^2 + 1)/2$,具有这种性质的数字矩阵称为幻方。幻方的历史可追溯至公元2200前中国的河图与洛书传说,据说最早的三阶幻方——洛书是从洛水中爬出的乌龟的背部花纹中发现的。历史上,幻方已经渗入中国文化的深层，曾用来作为天文学与占卜术的重要理论基础，对哲学、自然现象和人类行为做出某些似乎合理的解释。幻方从中国传入印度、阿拉伯、欧洲以及日本等地区，因而获得了广泛的认知，但直到 17 世纪才开始对幻方进行严肃的研究。1686 年，Adamas Kochansky 把平面幻方扩展到立体幻方（幻体），1688 年，法国贵族罗贝尔研究了幻方构造的数学理论。19 世纪后半期，数学家将幻方用于概率分析。幻方研究者已经发现各式各样的具有特殊数学性质的幻方，并试图从理论上探讨其存在性、统一构造方法及其计数问题[46]。现在，幻方已经在因子分析、组合数学、矩阵理论、模算术和几何学中得到广泛应用。在信息技术时代，幻方在人工智能、图论、博弈论、实验设计、工艺美术、电子电路、选址问题等领域已经获得了许多实际应用，而且很可能推广到其他应用领域。

虽然六阶以上幻方的精确计数问题仍然是一个未解决的公开问题，但幻方研究者发现幻方的数量特别巨大[47, 48]。通过 Monte Carlo 仿真估计[49]，六阶幻方的数量高达 $(1.7745\pm 0.0016)\times10^{19}$，这是一个天文数字。进一步的统计分析表明，从三阶幻方开始，幻方数量随阶数指数递增，但幻方阶数每升高一阶，幻方密度至少降低百万倍，幻方构造难度亦随阶数指数增长。以此推算，七阶幻方密度约为 10^{-29}，幻方数量约为 10^{34}；八阶幻方密度约为 10^{-35}，幻方数量约为 10^{54}；九阶幻方密度约为 10^{-41}，幻方数量约为 10^{79}；十阶幻方密度约为 10^{-47}，幻方数量约为 10^{110}；等等。因此，人类无法穷举六阶以上幻方。尽管已经存在统一的幻方构造方法，但这些构造方法属于确定的构造方法，不能任意构造随机幻方[46-49]。没有文献研究过 n 阶幻方在全数字排列空间 $n^2!$ 中分布的规律性，如果这种分布是均匀的，我们把任意幻方的构造问题看成在全数字排列空间中对满足幻方条件的解的搜索过程，那么是否存在一种能在幻方空间中作均匀随机采样的搜索算法？谢涛等智能计算学者通过研究，2001 年发明了一种随机幻方的快速演化构造算法[50]，能够快速产生任意阶幻方。

智能计算是 20 世纪 90 年代以来随着计算技术的高速发展而升起的一类具有自适应性的优化、搜索与自动知识发现技术。演化计算是隶属其中的一大类群体自适应计算方法，广泛并卓有成效地用于系统建模、知识挖掘、机器学习和组合优化等领域，已被当作替代确定性优化技术的一种主要优化设计技术。演化算法受生物进化过程中"优胜劣汰"的自然选择机制和遗传信息传递规律启发，通过程序迭代模拟这个过程，把要解决的问题看作环境，由一些可能的解经过编码组成种群通过自然演化寻求最优解。演化计算的主要分支包括遗传算法 GA、遗传编程 GP、演化策略 ES[51]、演化编程 EP。演化计算发展非常迅速，得到了学术界的广泛认可。如何对演化计算进行优化和运用演化计解决实际问题是当前研究的热点。新算法不断提出，如约束优化演化算法、群记忆性算法（PMA）、思维演化计算、交互式演化计算。广义的演化计算还包括所有群体智能计算模型，主要有如下适合特殊问题与背景的自适应学习模型：群基技术（Swarm-based Techniques）、群计算模型（Swarm Computing Models）、粒子群优化算法（Particle Swarm Optimization）、蚁群优化（Ant Colony Optimization）、鱼群搜索（Fish School Search）、随机扩散搜索（Stochastic Diffusion Search，SDS）、群机器人（Swarm Robotics）、人工生命（Artificial Life）、社会进化（Social Evolution）、免疫系统理论（Immune System Theory）、进化计算（Evolutionary Computation）、自然计算（Natural Computing）、模拟和仿真的性质（Simulation And Emulation of Nature）、基于 Multi-Agent 的复杂系统（Multi-agent Based Complex Systems）、集体智慧（Collective Intelligence）、社会智力（Social Intelligence）、社会计算（Social Computing）、粒子群优化（Particle Swarm Optimization，PSO）算法、蚁群（Ant Clony Optimization，ACO）算法、FSS 算法、蜜蜂算法（Bees Algorithms）、人工蜂群算法（Artificial Bee Colony Algorithms）、烟火算法（Fireworks Algorithms）、头脑风暴优化算法（Brain Storm Optimization Algorithm）、文化算法（Cultural Algorithms）、协同演化算法（Co-Evolution Algorithms）、文化基因算法（Memetic Algorithms）、仿生算法（Bio-Inspired Algorithms）、杂交方法（Hybridization Method）、演化学习系统（Evolutionary Learning System）、人工免疫系统（Artificial Immune System）等。

通过模拟杂交、变异与适者生存等物种进化机制，演化计算可以求解许多复杂的全局优化与搜索问题。如果算法中的初始种群是均匀随机设置的，各遗传变异算子也是均匀随机分布的，那么演化计算对于均匀分布的解空间的搜索过程就是一个均匀随机采样过程。例如，采用主频 2.7 GHz 的 PC，十阶以下随机幻方该算法平均一分钟可产生 50000 个左右，而十阶随机幻方平均一分钟可产生 30000 个左右。所产生的具体幻方依赖于初始种子随机数的设置，不同的初始设置产生不同的幻方，每次所得到的随机幻方可视为在整个幻方空间中做一次均匀随机采样。每次随机幻方构造过程对所有幻方空间中任何一个幻方具有均等的命中概率，但具体每次最终命中哪一个幻方则完全是随机偶然的，而且连续幻方构造过程中重复命中同一幻方的概率几乎为零，因而根据算法是不可预测的。演化计算类智能计算是一类特别（仅）适合 CPU 处理的软计算方法，不适合采用 GPU、FPGA、ASIC 等硬计算硬件实现计算加速。

随机幻方演化算法的幻方构造速度在时间分布上具有均匀随机特性，可以形成一种工作量证明难度可随全网（区块链网络）算力进行线性调节的优良的 PoW 共识机制。以十阶幻方为例，将随机幻方演化算法构造的随机幻方作为 PoW 机制中寻找设定 Hashcash 难度的随机新数 nonce，搜索满足设定 Hashcash 难度的特定的随机幻方，可以极大降低甚至基本消除 Hashcash 计算的蛮力搜索部分。随机幻方是一种具有特定组合数学意义的随机组合数字，因此我们把这种搜索设定 Hashcash 难度的随机幻方的构造过程称为随机幻方构造智能计算成果量证明，以区别寻找满足特定 Hashcash 难度要求的纯随机数字 nonce 的工作量证明。低位难度的 Hashcash 使专业的高效散列函数计算硬件（GPU、FPGA、ASIC）失去优势，专业硬件不适合随机自适应智能搜索算法，而随机幻方构造问题的强耦合性又使基于分而治之的并行 CPU 处理技术失去应有的加速度。如果随机幻方演化构造的智能计算证明过程完全依赖区块链网络所有计算节点的 CPU 算力，就可以消除工作量证明机制所固有的"军备竞赛"问题，从而大大降低维护区块链网络共识安全的能耗，提高区块链网络投票权分布的均匀性，使"51%攻击"成为可以忽略的极低概率事件。

我们发现，一般的随机幻方构造过程作为 PoW 共识机制的计算问题存在幻方复用问题。计算节点可以收集并存储已经构造的所有随机幻方，这些不同的随机幻方在创建新区块的投票过程中同样有效。如果不解决幻方复用问题，计算节点基于随机幻方构造问题的计算时间复杂度证明问题就会转化为一个基于节点存储空间的复杂度证明问题，参与区块投票的节点不是依靠提高节点 CPU 算力与随机幻方构造的算法效率来取得投票优势，而是通过增加存储设备以保存更多的历史随机幻方来提高重复投票的机会。这样，区块链网络仍然存在存储硬件"军备竞赛"，只不过是从以 ASIC 为中心的计算装备竞赛转移到以数据存储为中心的存储装备竞赛，不仅不能降低 Hashcash 计算的系统能耗，反而会因迅速增加电子垃圾带来环保问题。

解决随机幻方复用问题的思路是采用随机幻方随机关联约束概念，即新建区块的投票随机幻方的部分行或列由前一区块记录随机幻方随机设置，历史区块创建过程中产生的所有投票随机幻方都不能作为当前新建区块的投票幻方，前后相连区块投票随机幻方部分行或列数字相互关联锁定。前后区块投票随机幻方部分数字位置随机关联约束，相当于给每个区块随机设置一个不可预测的组合数学难题，其中部分数字由前一区块的投票过程不可预测地随机决定。因为不同组合数学问题的解不能相互验证，这样就解决了不同区块的成果量不能复用的问题。部分数字固定的约束随机幻方的解空间分布密度必然降低，相应演化构造算法的效率也会降低。

为了维持区块链生长速度的平稳性，约束随机幻方的演化构造效率不能过低。经过测试，一行或一列数字固定约束的十阶随机幻方演化构造效率将降低至无约束构造效率的 1/3，每分钟可产生 10000 个左右的行或列固定约束的十阶随机幻方，即一般节点 PoI 证明的最小时间分辨率为 60 s/10000=6 ms，与数字签名算法具有同等的时间复杂度。特别地，我们把基于关联约束随机幻方构造的智能计算证明过程称为智能计算成果量证明算法（Proof of Intelligence）[52]，简称 PoI 算法，参见 PoI 算法演示的 poi-alg 网页（Github）。

除了行或列关联约束的随机幻方演化构造，我们还可以考虑更复杂结构的关联约束随机幻方构造算法，如嵌入式同心幻方关联约束与四周数字关联约束。

2.5 异步并发自适应图链账本共识协议设计——共识协议扩容

在传统公共区块链系统中，所有节点均可以参与到系统中，通过 PoW 或者 PoS 机制来获取记账权。通常，节点产生的区块均包含前一区块的哈希值，从而形成区块链。这种简单的链式结构拥有很好的属性，足够简单，从而很难从原理和实际上产生攻击，链式结构的特征使得其具有可追溯和防篡改的安全属性。每个节点都能参与到区块链的维护，从而具有去中心化和防止 DoS 攻击的能力。此外，每个区块链的链式结构天然赋予了区块的全排序，有效避免了对区块链账本的双花攻击。但是，这种传统的单链结构存在许多固有的缺陷，极低的交易吞吐率是限制其进一步发展的重要原因；同时，极低的交易吞吐率又导致了高昂的交易费用，使得其难以应用于小额交易系统。其次，传统区块链网络极难实现系统的吞吐量线上升级，要实现升级通常需要更新全节点客户端来进行分叉，产生严重的安全问题。

许多研究工作都致力于改进工作量证明共识体系。有些系统间隔一段时间，从参与者中选择部分节点来形成委员会，然后仅仅在委员会中达成共识[28]。有些系统为了增强系统的可拓展性，会在一段时间内指定一个领导者，允许领导者单独提交许多区块[53]。但是，少量的记账节点会导致系统的中心化，使得系统更容易面临 DoS 攻击等。GHOST 协议[54]没有选择最长的分支，而是选择子树中包含大多数区块的区块作为主链，防止在分叉上进行自私挖矿攻击。Bitcoin-NG[52]在每个区块时代（Epoch）选择一个领先者，并允许领先者发布多个区块，从而增加吞吐量。SPECTRE[55]和 PHANTOM[56]通过将基于链的结构替换为基于有向无环图（Directed Acyclic Graph, DAG）的结构，并将来自不同分支的区块合并到分类账本，来增加比特币的吞吐量。SPECTRE 提供了 DAG 区块之间的部分顺序，而 PHANTOM 可以保持总顺序。Conflux[57]是另一个基于 DAG 的区块链共识协议,通过引入父边(Parental Edge)和参考边(Reference Edge),结合 GHOST 协议进行支点链(Pivot Chain)选择,构造了 DAG 上一致的交易总顺序,同时允许支点链外产生区块,以增加对总吞吐量的贡献。

这些方案可以通过消除自私挖矿来增强 PoW 机制的安全性,并通过合并来自不同分支的区块到主链来提高吞吐量。然而,这些单链(片)系统的节点需要将完整的 DAG 作为一个整体进行处理,并将其排序为一个整体事务的顺序,随着块数的增长需要消耗大量的计算资源,而且系统的性能取决于全节点的可用网络带宽,因此它们无法扩展到数以万计的节点。此外,由于这些系统中需要复制和处理分叉块,不清楚全节点如何大规模地解决内存和存储上的容量问题。

许多系统采用多平行链结构[58-60],每条平行链的挖矿难度降低,允许多条平行链同时增长。这些方案都提高了区块的生产速率,从而提高了交易吞吐率。但是这些技术都存在一些弊端:

① 由于 DAG 结构本身的弊端,全局视图 DAG 结构中的区块之间不具有明确的先后顺序。只能确定 DAG 中某区块子集的相对排序,而其他排序是不确定的,这种排序称为部分排序。区块顺序的不确定性导致 DAG 结构的区块链在面对双花攻击时更加脆弱。

② 平行链架构会使得系统面临一种特殊的攻击,节点可能将所拥有的矿力集中到单一链上进行自私挖矿等攻击,使得单条链更易面临分叉,这是不能接受的。

为了解决上述技术问题,我们提出了一种算法简单、共识协议高效、带宽利用率高的基于主副区块图链结构的区块链账本设计及其自适应共识方法,称为 ORIC 共识协议[61, 62]。ORIC 账本结构如图 2-1 所示。

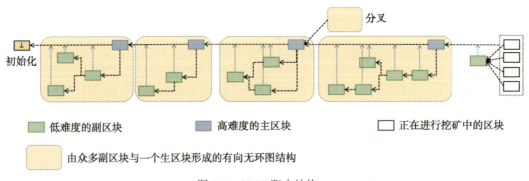

图 2-1 ORIC 账本结构

首先,将节点概率产生的有效区块自动分为主区块和副区块;其次,主区块和副区块构成图链结构,采用最长链原则进行图链共识,选择最长的一条图链作为共识图链;然后,对最长图链结构上的区块进行图间排序、图内区块排序和区块内交易排序;最后,基于图链结构建立交易吞吐量调节机制，根据网络状况自动调节，以达到最优吞吐量。性能仿真分析表明，在当前移动终端可用通信带宽 20 Mbps 的网络环境下，不分层的单片公共区块链网络的吞吐量可以达到 5000 TPS(按 250 字节/交易计算)，交易确认延迟不超过 60 s。

2.6 基于图链账本分片的跨链共识机制——分片扩容

2.6.1 基于分片的共识协议

基于分片（Sharding）的共识协议的显著特点就是使用了分片技术，提升了区块链系统的可扩展性，缓解了节点状态存储、计算资源消耗和网络带宽等压力，尽可能使得交易吞吐量随着节点数量线性增长，突破单节点可用资源的限制。

许多基于拜占庭一致的区块链系统使用分片协议进行扩展，如 Google Spanner[63]和 Slicer[64]，但这些解决方案是中心化的，不能直接用于去中心化的区块链系统。

Elastico[65]是一个典型的去中心化分片协议。在每轮共识中，通过解决一个 PoW 难题来加入委员会，每个分片的委员会通过运行 PBFT 来对部分交易达成共识，然后将共识的承诺发送给最终委员会。最后，最终委员会收集所有分片的承诺并广播到全网。Elastico 没有保证分片之间交易的原子性，同时为了保证交易效率，它的委员会通常比较小。Elastico 只设计了网络分片而没有设计交易分片和状态分片，需要将交易广播给所有的节点，因此每个节点需要存储整个系统的状态。

OmniLedger[66]是另一个试图解决 Elastico 中存在问题的分片协议。OmniLedger 使用 RandHoundm[67]来确保领导者选举的抗偏差性和可公开验证性，并引入了两阶段原子提交协议 Atomix 来保证跨分片交易的原子性。OmniLedger 实现了状态分片，允许每个分片只存储其他分片的引用，因此每个节点不需要存储全部的状态信息。Ethereum 委员会也提出了信标链（Beacon Chain）来支持分片协议[68]。信标链提供了分布式伪随机性，用于在每个分片上选择委员会。由于伪随机性很容易受到偏差的影响，基于分片协议的区块链不应该预设一个可信的随机信标。

RapidChain[69]是最近提出的一个区块链全分片协议，但是最多容忍 1/4 的恶意节点，在通过区块流水保证新节点加入分组网络的健壮性的同时，提高了吞吐量。

Monoxide[70]也是一个全分片协议，但是基于 PoW 而不是 BA，提出了最终原子性来保证跨区（跨分片）之间交易的原子性，同时相比于之前的工作，没有了交易的锁定和解锁开销。Monoxide 同时提出了连弩挖矿（"Chu-ko-nu" mining）来解决针对某个区的算力集中攻击（称为算力稀释攻击）。此外，Monoxide 存在一个挖矿协调中心（Mining Coordinator），连弩挖矿的安全性也可能存在问题。虽然分片协议大幅度提高了区块链的吞吐量，但是目前许多协议的去中心化程度、跨分片交易的开销和抗 DoS 攻击等能力仍然是值得怀疑的。

2.6.2 区块链跨链机制

跨链机制是在不同区块链之间建立沟通渠道，使得架构完全不同的区块链之间也能够进行信息交换。区块链公链除了可扩展性较低、自治性较差等问题，更重要的是，单个区块链项目是一个独立的价值网络，存在网络隔离的问题。不同区块链项目之间的合作难度极大地限制了区块链项目的使用空间。因此，为了打通不同区块链间的信息壁垒，跨链技术和多链集成也成为了当前区块链研究的热点之一。

1．公证人机制

在公证方案中，由一组可信节点作为公证人来验证某一特定事件是否发生在区块链 Y 上，并向区块链 X 的节点进行证明。由 Ripple 实验室提出的 Interledger[71]是公证人机制的代表方案。

2．侧链

如果区块链 X 能够验证来自区块链 Y 的数据，那么区块链 X 称为侧链（Sidechain）。侧链通常基于锚定在某个区块链上的通证（Token），而其他区块链可以独立存在。

现有的侧链项目无法构建跨链智能合约，无法支持各种金融功能，这也是这些区块链项目无法在股票、债券、金融衍生品市场领域取得进展的原因。著名的比特币侧链包括 BTC-Relay[72]（由 ConsenSys 提出）、Rootstock 和 ElementChain（由 BlockStream 提出），其他不适用于比特币的侧链包括 Lisk 和 Asch。

3．中继链

中继链技术通过将原始区块链的多个通证转移到原始区块链的多签名地址，临时锁定原始区块链的多个通证，这些签名者投票决定中继链上发生的交易是否有效。Polkadot[73]和 COSMOS[74]是典型的中继链技术。

4．哈希锁

哈希锁是一种通过锁定一段时间来猜测哈希值的明文来实现支付的机制，源于闪电网络（Lighting Network）[75]。但是，哈希锁支持的函数数量有限。尽管哈希锁在大多数情况下支持跨链资产交换和跨链资产抵押,但不适用于跨链资产可移植性和跨链智能合约。

2.6.3 图链账本跨链分片机制[76]

分片原本是数据库设计中的一种概念,是指将数据库中的数据分割成多个数据分片存储在不同的服务器上。当进行搜索时,仅需访问特定分片即可获得搜索结果,减少了服务器访问压力,从而提高数据库性能。在区块链中,分片是指将区块链中的节点分成若干组,每组节点组成一个分片,每个分片并行进行数据处理。原先,区块链中的每个节点需要对网络中的每笔交易进行验证,分片后,每个节点仅需处理网络中的一部分交易,各分片并行工作,从而实现对区块链的横向扩展。根据层级不同,分片可以分为网络分片、交易分片和状态分片。

1. 网络分片

网络分片是指在网络层将全网的节点划分到不同的分片中,分成若干子网络,按子网络进行数据的并行处理。网络分片是交易分片和状态分片的基础。网络分片后,每笔交易参与验证的节点变少,假设网络中现有 N 个节点,将网络分成 10 个分片,每个分片的节点数为 $N/10$,分片后,每笔交易参与验证的节点数为原先的 1/10。分片前,作恶者须控制整个网络 51% 的节点才能对网络进行攻击,分片后仅需控制 5.1%(51%/10)数量的节点即可对网络进行攻击。为了让分片后网络安全性不随之降低,一般采用随机性的方法对网络进行分片,即节点无法选择进入哪个分片,作恶者进入同一分片的难度很大。

2. 交易分片

交易分片是指将网络中的待处理的交易分配到各分片中。一般交易分为 UTXO 机制和状态机制。基于 UTXO 机制的交易由多个输入和多个输出构成,一般采用交易的哈希值最后几位对交易进行分片,但这样会产生一个问题:如果一笔双花交易,其有相同的输入,不同的输出,将被分配到不同的分片中。所以,不同的分片会分别验证这两笔交易,而忽略这笔交易正在"双花"的问题。因此,为了防止"双花",交易在验证过程中必须进行分片之间的沟通。基于状态机制的交易都包含发送人的地址,根据发送人的地址将交易分配给分片。双重花费的交易将在同一个分片中被处理,因此系统可以容易地检测到"双花"交易,而不需要进行跨分片通信。

3. 状态分片

状态分片是指划分网络的存储区域,每个分片仅存储其所在分片的信息。一般,项目在进行状态分片时也在进行网络分片和交易分片。随着时间的推移,即使网络吞吐量不变，网络中节点存储的压力也会不断增大。状态分片是以分片技术为方向的项目必须面对的问题，也是分片三个层次中难度最大的部分。当节点只存储部分账本信息时，数据的可用性问题和跨分片通信问题必须解决。

虽然分片协议大幅度提高了区块链的吞吐量，但是目前许多协议的去中心化程度、跨分片交易的开销、抗 DoS 攻击等能力仍然是值得怀疑的。基于图链账本结构的跨链分片机制设计可以提升异步并发自适应共识协议的可扩展性，通过网络分片、交易分片和状态分片，显著降低单节点的存储压力和计算资源消耗；通过跨分片交易模型，解决分片之间交易互通问题，确保跨分片交易的最终原子性；通过举报机制和纠错机制，确保各分区之间共享全网算力的安全性，而不会因为分片而导致各分区安全性降低；通过混合式区块链网络拓扑模型，克服传统消息泛洪的问题，确保交易定向广播的高效性。借助理论分析与仿真实验证明，该方案在交易吞吐量上相对传统公链/联盟链系统具有优越性。

2.7 分层共识证明区块链网络体系结构——分层扩容

无论是激励类工作量证明机制与权益证明机制，还是非激励类 BFT、PAXOS、RAFT 等分布式系统一致性协议，都存在一个不可能三角约束，即不可能同时实现区块链网络的去中心化（通过降低节点计算、带宽和存储等资源的门槛下限提高网络参与度）、可扩展性（提高节点带宽等资源利用率，降低网络延迟，提高吞吐量，提高分布式区块账本的通用性）和安全性（提高带宽自适应性，降低分叉概率，防止 51%攻击等）。比特币和以太坊等已有公链网络和 Hyperledger、R3 等超级联盟链账本都存在吞吐量小、交易效率低、网络延迟大、可扩展性差、去中心化程度低等缺陷，不利于现实场景中不断增长的高频交易与扩展性要求，同时降低去中心化程度也会影响系统的数据安全性和不可篡改性。当用户和交易量增加时，低交易吞吐量和较长的交易确认时间严重阻碍了区块链系统的大规模应用。

在现实的中心化网络服务场景中，VisaNet 支付和清算[77]大约需要平均 4k TPS，支付宝 2017 年高峰期超过 256k TPS[78]。区块链上快速生长的 DApps 表现出对具有高吞吐量与大容量的可扩展区块链的巨大需求[79]，以支持游戏和去中心化的加密数字货币交易。因此，我们希望有一个可扩展的区块链系统，以便将来可以支持互联网规模的应用。

除了网络延迟，区块的顺序创建方式是低吞吐量的主要根源。如果每个全节点都需要如同比特币和以太坊网络一样复用整个网络的通信、存储和状态表示，那么去中心化共识系统就不具有好的扩展性。即使实现了网络的高吞吐量,工作负载要求的快速通信、足够的存储和算力很快将为全节点设置一个很高的准入门槛,这反过来极大阻碍了实际的去中心化。因此,一个可扩展的区块链系统需要考虑共识协议的可扩展性,实现通信、存储、计算和状态内存等资源的可扩展性使用效率,同时维护系统的去中心化与安全性。根据以太坊社区探索区块链系统分片处理方案的经验[80],我们应该重视工作负载的重复性、门槛的低准入、高效跨分片交易处理的重要性和稀释挖矿权所带来的安全性等问题。

2.7.1 区块链网络分层

借鉴计算机网络体系架构的 OSI 参考模型,区块链逻辑架构可以分为三层:区块链第 0 层(Layer0),对应 OSI 模型的 1~4 层(底层协议),包括传输层;区块链第 1 层(Layer1)和第 2 层 (Layer2),对应 OSI 模型的 5~7 层(网络上层协议)。Layer1 包括数据层、网络层、共识层和激励层;Layer2 包括合约层和应用层。Layer1 解决去中心化信任和安全,Layer1 激励代币的存在是为了让底层公链能够抵抗 51%攻击。Layer2 更关注性能,能够链接外部有价值的状态。当前公链的核心问题就是扩容问题,主要包括三方面。

Layer0 层扩容主要是优化 OSI 参考模型的数据传输协议、减少共识达成一致的传播延时,从而提升区块链性能。根据优化 OSI 参考模型层级的不同,当前主要有覆盖网络和快速 UDP 互联网连接(Quick UDP Internet Connection,QUIC)优化协议两种技术路线。

Layer1 层扩容,即链上(On-Chain)扩容。链上扩容方案是针对区块链自身的基本协议、体系结构进行修改优化,达到扩容效果,提升系统性能。链上扩容主要有数据层扩容、网络层扩容、共识层扩容方案。常见的方式有:通过扩大区块容量,增加数据区块能够打包的交易数量,间接提升系统吞吐量(扩块);将数字签名信息移除区块,增加区块容纳交易数量(隔离见证);块链式结构改为 DAG 网状并发式结构,实时验证交易(DAG 技术);将网络分片,每个分片独立并发处理全网交易(分片技术);使用 PoS、DPoS、PBFT 等改进共识机制或协议以及混合共识机制。

Layer2 层扩容,即链下(Off-Chain)扩容,不改变公链基本协议。链下扩容的主要思想是,将部分数据转移到链下进行计算处理,将最终的结果返回至链上进行存储记录,不改变公链基本协议,通过链下在应用层进行改进提升性能。根据转移方式的不同,目前链下扩容主要有状态通道(建立通信双方间的私密双向通道,将计算下放到通道进行)、侧链(锚定主链资产,建立性能更高效的侧链)和链下计算(将复杂的计算放到链下,将计算结果返回链上验证记录)三种技术路线。

当前区块链研究方向已经逐渐形成 Layer1 和 Layer2 两层技术体系。Layer1 为基础协议层，只需提供必要的支撑功能；Layer2 为应用扩展层，能够提供更多的功能满足业务应用。虽然长远来看，两层同时进行扩容技术研究是必要之举，但是在当前区块链急需改变无法实现产业级商业落地的情况下，Layer2 扩容从技术可行性上更符合当前技术应用现状，Layer1 和 Layer0 扩容技术涉及更多已经相对成熟的底层协议，短期内不易取得突破。因此，在未来几年内，区块链扩容技术有望在 Layer2 首先取得突破性进展，但是 Layer1 扩容技术仍然是一项基础长远的研究。

比特币网络为微支付开发的链下闪电网络可以称为最初的 Layer2 技术。由于比特币网络使用脚本语言，对智能合约缺乏支持致使微支付交易双方的解锁和锁定流程设计非常复杂，闪电网络项目一直发展很缓慢。以太坊区块链日趋广泛使用，但是协议的负载量十分有限，使得链上十分拥堵，而且手续费越来越高，许多大规模应用无法在以太坊网络实现，十分不利于以太坊区块链的生态发展，于是出现了 Layer2 扩容方案。Layer2 是一个为提升以太坊网络（Layer1）性能的整体解决方案。Layer1 用来保证网络的安全和去中心化，实现全球共识，通过智能合约设计的仲裁规则，以经济激励的形式将信任传递到 Layer2。Layer2 让多个参与方通过链下签名承诺的方式实现频繁的安全交易，不需将交易的中间过程发布到主链（即 Layer1）上，而只需将交易完成后各方账户的最终余额上传主链。Layer2 方案主要包括状态通道(State Channels)、侧链、等离子体(Plasma)和 RollUp 等项目。

2.7.2 全节点功能一分为二[81]

考虑已有区块链网络的运行机制，一个单层对等区块链网络的全节点具有实现对交易的收集、验证、传递、区块打包、存储与工作量证明或一致性共识更新等所有功能，将对区块链网络性能带来如下影响：或者因共识节点数过多导致共识效率过低，或者因对等网络节点数过多导致节点通信带宽不够用与区块传播延迟过大。因此，单层对等网络的规模与结构限制了交易的处理效率，同时区块链对等网络的规模也造成了数据存储资源的超级浪费。一种对全节点功能的分离方式是将区块的汇编、验证与存储和区块的工作量证明计算分成两类不同的节点分别完成：存储验证节点只负责对交易与区块的汇编、验证与一致性存储更新，工作量证明节点只负责区块的工作量证明计算。我们把这种全节点功能一分为二的区块链网络称为分层共识证明体系结构。考虑到区块链分层共识证明体系结构的工作量证明计算必须采用 PoI 证明算法，我们在以下分层共识证明体系方案的叙述中一律采用 PoI 证明算法。基于关联约束随机幻方构造的 PoI 证明算法，可以实现比特币的"一 CPU 一票"公平的工作量证明理想，防止纯密码散列计算的工作量证明算法必然导致的"计算中心化"问题，实现公平、安全、稳定、节能的绿色区块链网络。

分层共识证明体系结构示意图如图 2-2 所示，将区块链网络节点按功能分为云计算节点与用户节点，分别组成内层云计算节点网络与外层用户节点网络[69]。内层网络与外层网络均采用对等网络通信协议，内外层网络通过对等网络通信协议进行信息交互，内外层网络节点采用网络连接路由设置可以将彼此节点当作自己的邻居节点。

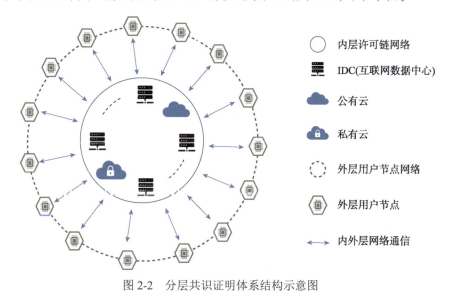

图 2-2　分层共识证明体系结构示意图

分层共识证明方法将交易的云收集、验证、传播与区块汇编，到新区块的共识证明，再到新区块的分布式云计算节点一致性存储更新，按三阶段分段执行，异步并发处理，分层共识证明体系架构如图 2-3 所示。

内层网络节点负责收集、传播并验证交易的真实性；外层网络节点采用竞争抢答方式对内层网络下发的区块头进行 PoI 证明计算，获得新区块满足难度要求的 PoI 证明证据；内层网络通过最长区块链共识协议实现新区块在内层网络节点之间的一致性存储更新。最后，通过共识证明激励机制将三个阶段紧密关联，对错误区块的责任者与发现者通过内层网络智能监管合约分别给予奖惩，提高区块链网络系统的去中心化、可扩展性和安全性。

云计算节点可根据网络交易服务的规模成比例自适应增减，用户节点配置理想"一 CPU 一票"的 PoI 证明算法，可以提高用户节点参与记账权博弈的公平性，从而间接提高用户节点参与 PoI 证明的积极性，防止计算中心化问题，使区块链网络具有比较理想的去中心化与可扩展性。

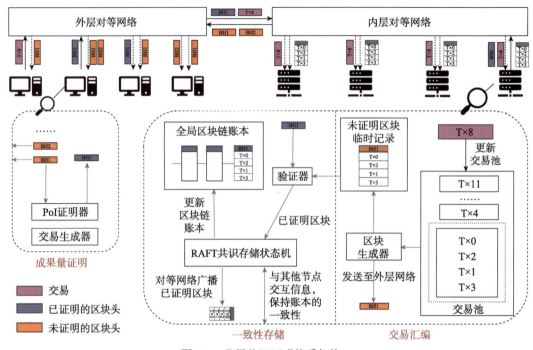

图 2-3　分层共识证明体系架构

通过把区块链网络中的节点按功能安全地一分为二,既能把区块链网络节点分成两大类分别执行不同功能的节点,又可实现一个具有内层云计算全节点网络的去中心化安全区块链网络,同时可带来资源节约、交易吞吐量提高、外层用户网络流量减小(仅需传播区块头)、网络延迟降低等优点。研究表明,假定云计算节点网络通信带宽为 5 Gbps 的内层网络测试环境,采用分层共识证明网络体系结构并结合自适应异步并发 ORIC 共识协议的无分片公共区块链网络的吞吐量可达 60 万 TPS 以上(按 250 字节/交易计算),采用云计算节点分片时的公共区块链网络吞吐量可达 120 万 TPS 以上,确认延迟均为 60 秒以内。这是当前国际上公共区块链领域在吞吐量方面、去中心化程度上的最高技术指标。

2.8　可扩展的分层分片高性能区块链网络体系结构——复合扩容

虽然分层共识证明区块链网络体系结构可以利用内层云计算网络的高性能资源提高交易吞吐量,同时通过在外层网络用户节点上运行 PoI 智能证明算法实现网络去中心化,但是因 Nakamoto 共识协议对带宽的极低利用率,单一云计算分层扩容方式很难使交易吞吐量超过 5 万 TPS。通过并发自适应图链账本共识协议及其可扩展的跨链分片机制两种扩容方式，可以极大地提高内层云计算网络的吞吐量。图链账本协议可以将云计算节点的可用带宽利用率理论极限提高到接近50%；跨链分片机制进一步提高内层云计算网络的可扩展性，降低节点的存储和计算压力，减少网络中区块的消息负载。基于网络节点的地理位置对外层网络用户节点与内层网络云计算节点进行分片，可以进一步将内层网络云计算节点的网络带宽利用率理论极限提高至接近100%。

一种最简单的分层分片方案是，将外层网络用户节点按地理或交易业务分片，一个内层网络云计算节点负责处理一个外层网络分片。当出现内层网络云计算节点宕机时，所负责的外层网络节点可以通过连接相邻内层云计算节点发送交易和信息。如果不存在跨分片交易，那么简单分层分片方案理论上可以将Nakamoto增强共识协议的网络带宽利用率提高至接近100%。一般的分层分片方案是，将内层网络云计算节点根据实际情况进行均匀或非均匀分片。由内层分片及其云计算节点负责的外层网络用户节点组成一个分层分片网络，可将整个外层网络和内层网络分成若干较小的子分层分片网络。由于内层网络云计算节点之间会进行交易和区块的传播，因此每个子分层分片网络的带宽利用率的理论极限仍然是50%，但整个分层分片网络的带宽利用率的理论极限一定高于50%，即50%~100%。两个极端分层分片方案，内层网络节点无分片时可实现50%的理论带宽利用率，内层网络一个节点负责一个分片时可实现100%的理论带宽利用率。

针对当前飞速发展的区块链技术中存在的"困难三角"问题，我们已经开展极具原创意义的区块链共识机制中的PoI智能证明算法研究，设计基于主副区块图链账本结构的高效自适应异步并发共识协议，设计基于图链并发共识协议的可扩展的区块链跨链分片机制，最后将PoI智能证明算法、图链并发共识协议、可扩展的跨链分片机制和基于云计算的分层共识证明网络体系结构相结合，探索可以突破不可能三角的分层分片并发共识证明区块链网络体系结构，旨在解决制约公共区块链大规模商业应用的技术瓶颈问题。

2.9 区块链二级身份结构及其去中心化交易与监管/仲裁模型

中心化系统的用户必须注册公开身份，用户对自己的身份与隐私信息不具有自主控制权，中心化系统不存在隐私保护问题。完全去中心化的区块链是一个不基于第三方权威的无信任网络，可以采用匿名身份，用户对自己的真实身份与隐私信息具有自主控权。如果区块链不是完全去中心化的，用户之间就必须基于公开的（注册）身份建立信任关系。因此，用户账户地址的匿名性是完全去中心化区块链网络的一个可选属性，用户既可以选择拥有自己的公开身份，也可以选择隐藏自己的公开身份。匿名数字经济如同现金交易市场，可以通过保护个人隐私促进商业交易。公开数字经济如同淘宝网络开店，提供商业服务的网络店主必须合法注册公开经营身份。

因此，数字经济实体与个人必须具有公开注册的身份和匿名的交易账号（如图 2-4 所示）。如何确保自己的交易对交易无关方保持匿名，但交易的真实性可在链上公开追溯与验证，同时对交易相关方通过实名身份进行链下认证，实现交易相关方的链下实名可追踪问题（Know Your Customer，KYC），并能够为交易相关方提供密码学意义上防抵赖、可取证的违约/违法证据，是区块链技术在真实的电子商务场景中进行应用落地实践时必须解决的一个关键问题。

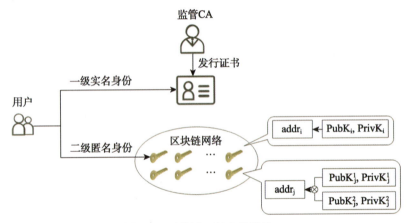

图 2-4 区块链二级身份结构

区块链网络采用公开账本记录所有交易，任何人在任何时候均可追溯验证账本上任何一笔交易的真伪，但任何一笔交易的无关方在法律上必须永远不许可追踪取证这笔交易的相关方的公开实名身份。当交易一方违法时，监管部门可以通过密码学意义上防抵赖的技术手段，从法律上对犯罪证据进行公开的身份举证。但现有区块链网络用户的匿名隐私保护与交易违约/犯罪追责的实名监管要求存在冲突。

我们发明了一种基于用户二级身份结构的区块链交易监管方法[82-84]，包括以下步骤：交易双方首先用自己的公开密钥密码体系（PKI）CA 证书的私钥对自己的匿名交易进行签名，形成对交易的彼此承诺；交易双方再用对方匿名账户的生成公钥对自己的数字签名与 CA 证书进行加密，并发送给对方；交易双方对收到的对方加密的承诺签名进行解密，并利用对方的 CA 证书的公钥对解密后的承诺签名进行验证；判断验证是否成立，如果验证成立,那么链下交易完成,否则终止链下交易过程。这个方法将一级实名身份与二级匿名身份相结合,通过一级实名身份实现对点到点交易内容的链下双向可认证的承诺签名与校验,同时通过二级匿名账号实现对交易内容真实性签名的链上可公开验证与追溯。

区块链通过智能合约可以实现社区的去中心化治理,分布式自治组织（DAO）和分布式自治社会（DAS）是区块链技术的发展方向。基于二级身份结构可以实现去中心化的电子商务,通过注册的实名身份实现线下的双向承诺签名。如果卖方收到买方付款不发货,或者买方通过双花攻击欺骗卖方获得货物而不支付货款,交易纠纷就会产生。解决交易纠纷必须依靠仲裁机构,有两种不同的仲裁机构:中心化机构和去中心化机构。交易仲裁机构的中心化会抵消区块链网络电子商务的去中心化,因此,去中心化电子商务必须采用去中心化的交易仲裁机构。

图 2-5 是去中心化商品交易模型概略图,包括链下签名承诺与链上交易仲裁智能合约。链上部分主体是由监管 CA 机构在区块链网络中创建的监管智能合约,如图 2-6 所示,源代码在区块链网络中公开,任何人都可以查看该源码并可以指出其中可能存在的问题。

该智能合约可以监管用户使用链下交易承诺签名协议达成的交易。监管 CA 为所有想要使用该交易平台的用户颁发数字身份证书作为一级实名身份。用户需要在监管智能合约中注册其实名身份信息,为了减少信息的公开,只需用户将数字证书的公钥信息注册在合约中,再质押一笔数字加密货币作为保证金。在交易前,用户可以根据交易对象的实名身份公钥,查看其在监管智能合约中质押的保证金。当交易纠纷发生时,用户可以将链下协议中交换的实名承诺信息向监管智能合约申诉另一方的不诚实行为。在收到用户的申诉请求后,监管智能合约通过预言机获取外部证据进行仲裁,并扣除违约用户的保证金作为惩罚,补偿利益受损的一方。若被申诉的用户通过仲裁后确认没有出现违约行为,提出申诉的用户将面临自己的部分保证金被扣除的风险。在该模型中,用户可以不用等待链下承诺的交易被链上确认,因为用户在监管智能合约中质押的保证金可以约束用户行为。因此,该交易模型还具有较好的性能可扩展性和交易的实时性。

仲裁合约需要的证据从区块链网络的外部世界获取。去中心化交易与监管模型的外部证据链的构造也主要与货物交易相关,如货物运输的物流证据链、货物好坏状态的证据链、货物质量的证据链等。目前,这些证据链的设计也需要考虑以区块链作为底层架构,由相关单位参与治理。

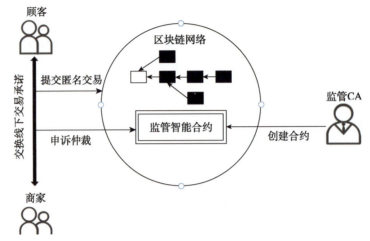

图 2-5 去中心化商品交易模型概略图

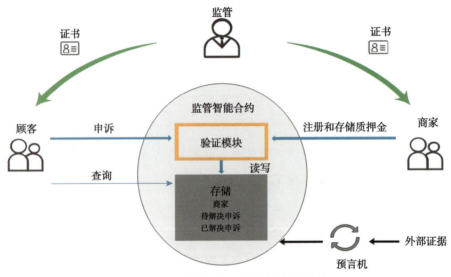

图 2-6 去中心化商品交易模型的链上结构

这里以货物是否运输送达作为应用场景举例，设计一个物流证据链，如图 2-7 所示。

货物运输的物流证据链建设主要由物流公司及其物流中转站和物流配送站完成，证据链构造涉及商家、物流公司、物流中转站、配送站和收货的顾客。物流证据链以区块链为底层架构，多家具有资质的物流公司共同在该区块链网络中维护物流证据链，记录货物的物流证据。货物的物流过程由商家将包裹托付给物流公司开始，包裹经由物流中转站最终被邮递至配送站，等待用户取件。物流链中的所有执行者都需要参与物流证据链的构造，并将物流信息记录到区块链网络中。

为了避免一件货物从开始运输到运输完成的整个物流过程被一家物流公司所控制，实现证据链构造过程去中心化，要求物流网络中经手货物量较大的一些大型枢纽物流点由一家或几家单独物流公司设立,这些物流公司不直接接收货物邮递的订单,而是参与到各接收货物订单的物流公司的货物物流过程中,使得货物物流过程不会只经由一家物流公司。

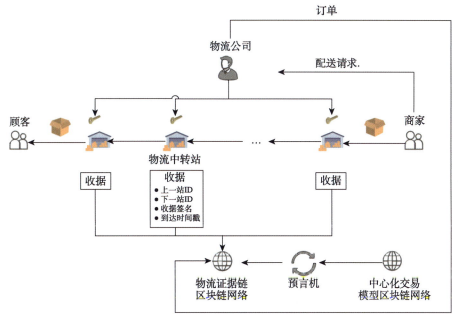

图 2-7 物流证据链的构造

2.10 区块链网络三角困难问题的定量评估

国际金融理论中存在保罗·克鲁格曼永恒的三角,即调节性、置信度和流动性三元悖论;传统货币理论中存在"蒙代尔不可能三角",即一国无法同时实现货币政策的独立性、汇率稳定和资本自由流动,最多只能同时满足两个目标,而放弃第三个目标。此外,经济社会与管理中还存在很多不能同时满足的三角问题,如投资不可能三角(收益性、安全性、流动性)、项目管理不可能三角(范围、时间、成本)、B2B不可能三角(高毛利、高周转、大规模)、经济发展不可能三角(国家统一、经济效率、区域间平衡发展)、保险产品不可能三角(品牌服务、产品责任、价格)、物流决策不可能三角(库存战略、运输战略、选址战略)等。

分布式计算系统有三个基本特性:一致性(Consistency)、可用性(Availability)、分区容错性(Partition tolerance),即 CAP。分布式计算系统 CAP 定理又称为布鲁尔定理(Brewer's Theorem),即三个基本特性只能同时满足两个。如图 2-8 所示,分布式计算系统要么满足 CA,要么满足 CP,要么满足 AP,但无法同时满足 CAP。

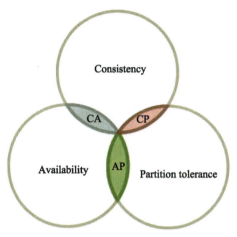

图 2-8　分布式计算系统 CAP 定理

与分布式计算系统 CAP 理论相类似，一般认为当前的区块链网络也存在"不可能三角"，即无法同时达到可扩展性（Scalability）、去中心化（Decentralization）和安全性（Security），三者只能得其二。我们要么追求安全性与去中心化而忽略可扩展性，要么追求可扩展性与去中心化而忽略安全性，要么追求可扩展性和安全性而忽略去中心化。

区块链系统的可扩展性是指区块链网络处理交易以及适应交易增长而扩展的能力，可以用 TPS 随共识节点数量的变化关系来定量评估。区块链网络的安全性主要指分布式账本的节点一致性，可分为强一致性、弱一致性和最终一致性三种。BFT 类分布式系统共识协议一般达到强一致性，PoX 证明类共识机制一般实现最终一致性。强一致性不会产生分叉区块，最终一致性会产生分叉区块或分叉区块链，我们可以根据区块链的分叉概率来定量评估最终一致性的强度。无论在学术文献还是媒体评论文章中，"区块链去中心化"一直只是一个定性的概念，不存在一个定量评估方法。去中心化作为区块链网络的基本特征和属性，是评估不同区块链技术特别是共识机制性能的一个关键技术特征指标，定量评估去中心化程度有助于减少区块链技术性能评估过程的主观性因素，提高评估结果的客观性。

我们在设计区块链网络体系结构的时候，必须在权衡区块链三角困难的前提下进行优化设计，针对不同的应用场景对三个关键特性指标分别进行取舍。不同的区块链具有各自的优点，也存在属于自己的缺陷，但是如何定量评估区块链的三个特征指标，为区块链科学提供理论基础与实践标准，是区块链技术与产业发展过程中亟待解决的迫切问题。其中，区块链的去中心化程度的定量评估方法被称为去中心化指数的计算，是推动区块链技术沿着正确方向发展的当务之急。

参考文献

[1] Nakamoto, Satoshi (31 October 2008). Bitcoin : A Peer-to-Peer Electronic Cash System. bitcoin.org. Archived.

[2] Blockchains: The great chain of being sure about things. The Economist. 31 October 2015.

[3] Narayanan Arvind, Bonneau Joseph, Felten Edward, Miller Andrew, Goldfeder Steven. Bitcoin and cryptocurrency technologies : a comprehensive introduction. Princeton : Princeton University Press, 2016.

[4] Mazières David, Shasha Dennis. Building secure file systems out of Byzantine storage. Proceedings of the Twenty-First ACM Symposium on Principles of Distributed Computing. 2002: 108-117.

[5] Tschorsch Florian, Scheuermann Bjorn. Bitcoin and Beyond: A Technical Survey on Decentralized Digital Currencies. IEEE Communications Surveys & Tutorials. 18 (3): 2084–2123. doi:10.1109/COMST.2016.2535718.

[6] Bheemaiah Kariappa. Block Chain 2.0: The Renaissance of Money. 2015.

[7] Yakovlev, Alexander. НРД проголосовал за блокчейн. 2016-04-15.

[8] Williams Ann. IBM to open first blockchain innovation centre in Singapore, to create applications and grow new markets in finance and trade. The Straits Times. Singapore Press Holdings Ltd. Co.. 2016-07-12.

[9] Higgins Stan. Former Estonian President to Lead World Economic Forum Blockchain Group. November 2016-11-09.

[10] Coleman Lestor. Global Blockchain Forum Launched to Coordinate Regulatory Inter-operability and Best Practices. 2016-04-12.

[11] Bank for International Settlements. Rise of central bank digital currencies : drivers, approaches and technologies. 2020-08-24.

[12] Ovenden James. Blockchain Top Trends In 2017. The Innovation Enterprise.

[13] Catalini Christian, Gans Joshua S. Some Simple Economics of the Blockchain. SSRN Electronic Journal. doi:10.2139/ssrn.2874598. SSRN 2874598. 2016-11-23.

[14] Ittay Eyal, Emil Gün Sirer. Majority is not enough: Bitcoin mining is vulnerable. 2013.

[15] Vitalik Buterin. On stake. 2014-07-05.

[16] Nxt whitepaper.

[17] Pavel Vasin. BlackCoin's proof-of-stake protocol v2. 2014.

[18] Daniel Larimer, Charles Hoskinson, Stan Larimer. BitShares : a peer-to-peer polymorphic digital asset exchange. 2014.

[19] KIAYIAS A, etc.. Ouroboro s: A provably secure proof-of-stake blockchain protocol. In Annual International Cryptology Conference (2017), Springer, pp. 357-388.

[20] KWON, J. Tendermint: Consensus without mining. 2014.

[21] BUTERIN V, GRIFFITH V. Casper the friendly finality gadget. 2017.

[22] CASTRO M, LISKOV B. Practical byzantine fault tolerance and proactive recovery. ACM Trans. Comput. Syst. 20, 4 (Nov. 2002), 398–461.

[23] SHI R, WANG Y. Cheap and available state machine replication. In Proceedings of the 2016 USENIX Conference on Usenix Annual Technical Conference (Berkeley, CA, USA, 2016), USENIX ATC '16, USENIX Association, pp. 265-279.

[24] DOUCEUR J. R. The sybil attack. In Revised Papers from the First InternationalWorkshop on Peerto-Peer Systems (London, UK, UK, 2002), IPTPS '01, Springer-Verlag, pp. 251-260.

[25] GILAD Y, etc.. Algorand : Scaling byzantine agreements for cryptocurrencies. In Proceedings of the 26th Symposium on Operating Systems Principles (New York, NY, USA, 2017), SOSP '17, ACM, pp. 51-68.

[26] ABRAHAM I, MALKHI D. The blockchain consensus layer and bft. Bulletin of the EATCS 123 (2017) .

[27] KOTLA R, etc.. Zyzzyva : Speculative byzantine fault tolerance. In Proceedings of Twenty-first ACM SIGOPS Symposium on Operating Systems Principles (New York, NY, USA, 2007), SOSP '07, ACM, pp. 45-58.

[28] GUETA G. G, etc.. Sbft : a scalable decentralized trust infrastructure for blockchains, 2018.

[29] MILLER A, etc.. The honey badger of bft protocols. In Proceedings of the 2016 ACM SIGSAC Conference on Computer and Communications Security (New York, NY, USA, 2016), CCS '16, ACM, pp. 31-42.

[30] Duan Sisi, Michael K. Reiter, Zhang Haibin. Proceedings of the 2018 ACM SIGSAC Conference on Computer and Communications Security October 2018, pp. 2028–2041.

[31] KOKORIS-KOGIAS, etc.. B. Enhancing bitcoin security and performance with strong consistency via collective signing. In Proceedings of the 25th USENIX Conference on Security Symposium (Berkeley, CA, USA, 2016), SEC'16, USENIX Association, pp. 279-296.

[32] SYTA, E, etc.. Scalable bias-resistant distributed randomness. In Security and Privacy (SP), 2017 IEEE Symposium on (2017), Ieee, pp. 444-460.

[33] HANKE T, etc.. Dfinity technology overview series, consensus system, 2018.

[34] PASS R, SHI E. Hybrid consensus: Efficient consensus in the permissionless model. In LIPIcs-Leibniz International Proceedings in Informatics (2017), vol. 91, Schloss Dagstuhl-Leibniz-Zentrum fuer Informatik.

[35] King, Sunny(pseudonym). Primecoin : Cryptocurrency with Prime Number Proof-of-Work. 2013-07-07.

[36] Energy Efficiency of Blockchain Technologies. EU Blockchain Observatory and Forum, 30 September 2021.

[37] Blandin A, et al.. 2020. 3rd Global Cryptoasset Benchmarking Study - CCAF publication. Cambridge Centre for Alternative Finance, Cambridge University, Judge Business School. 2021-03-13.

[38] CCAF, 2019. CBECI. Cambridge Bitcoin Electricity Consumption Index (CBECI). 2021-03-13.

[39] de Fries A. Digiconomist, Bitcoin Energy Consumption Index. Digiconomist. 2021-03-13.

[40] de Fries A. Ethereum Energy Consumption Index (beta). Digiconomist. 2021-03-11.

[41] Mora C., Rollins R.L., Taladay K., Kantar M.B., Chock M.K., Shimada M., Franklin E.C..
Bitcoin emissions alone could push global warming above 2°C. Nature Clim Change 8, 931–933. 2018.

[42] Abe G. Unsolved Problems on Magic Squares. Disc. Math. 127, 1994, 3-13.

[43] Madachy L. S. Magic and Antimagic Squares. Ch.4 in Madachy's Mathematical Recreations. NewYork: Dover, 1979, 85-113.

[44] Kraitchik M. Magic Squares. Ch.7 in Mathematical Recreations. New York: Norton, 1942, 142-192.

[45] Pinn K, Wieczerkowski C. Number of Magic Squares from Parallel Tempering Monte Carlo. Int.J. Mod. Phys. C 9, 1998, 541-547.

[46] Xie Tao, Kang Lishan. An Evolutionary Algorithm for Magic Squares. In 2003 Congress on Evolutionary Computation[C]. Canberra, Australia, Dec., 2003, 2:906-913.

[47] Back T, Hoffmeister F, Schwefel H. P.. A Survey of Evolution Strategies. In: Below R. K. and Booker L. B. eds. Proc. of the 4th ICGA, San Diego, 1991. San Mateo: Morgan

Kauffman.

[48] 谢瑾，丁烨，谢涛. 一种基于随机幻方构造的区块链工作量证明方法. 专利号：ZL201810911301.8.

[49] EYAL, I., etc.. Bitcoin-ng : A scalable blockchain protocol. In NSDI (2016), pp. 45-59.

[50] SOMPOLINSKY Y., ZOHAR, A.. Secure highrate transaction processing in bitcoin. In International Conference on Financial Cryptography and Data Security (2015), Springer, pp. 507–527.

[51] SOMPOLINSKY Y., LEWENBERG Y., ZOHAR A.. Spectre : Serialization of proof-of-work events: Confirming transactions via recursive elections. 2016.

[52] SOMPOLINSKY Y., ZOHAR A.. Phantom, ghostdag: Two scalable blockdag protocols. 2018.

[53] LI C, LI P, XU W, LONG F, YAO A. C.-C. Scaling Nakamoto consensus to thousands of transactions per second. arXiv preprint arXiv:1805.03870 (2018).

[54] W. Martino, M. Quaintance, S. Popejoy. Chainweb : A proof of-work parallel-chain architecture for massive throughput. Chainweb Whitepaper, vol. 19, 2018.

[55] M. Quaintance, W. Martino. Chainweb protocol security calculations. 2018.

[56] Yu H, I. Nikolic, Hou R, P. Saxena. Ohie : Blockchain scaling made simple. In 2020 IEEE Symposium on Security and Privacy (SP). IEEE, 2020, pp. 90-105.

[57] 熊挺，谢涛，李洪波，周荣豪，贾王晶，王宝来，李慎纲. 基于主副区块图链结构区块链账本设计的自适应共识方法. 专利号：ZL202110169779.X.

[58] Xiong T, Xie T, Xie J. ORIC : A Self-Adjusting Blockchain Protocol with High Throughput. 2021 IEEE International Symposium on Parallel and Distributed Processing with Applications (ISPA), 2021.

[59] CORBETT, J. C., etc.. Spanner : Google's globally distributed database. In Proceedings of the 10th USENIX Conference on Operating Systems Design and Implementation (Berkeley, CA, USA, 2012), OSDI'12, USENIX Association, pp. 251–264.

[60] ADYA, A., etc.. Slicer : Auto-sharding for datacenter applications. In Proceedings of the 12th USENIX Conference on Operating Systems Design and Implementation (Berkeley, CA, USA, 2016), OSDI'16, USENIX Association, pp. 739–753.

[61] Luu L, Narayanan V, Zheng C, et al.. A Secure Sharding Protocol For Open Blockchains. In Proceedings of the 2016 ACM SIGSAC Conference on Computer and Communications Security. New York, NY, USA, 2016: 17-30.

[62] KOGIAS, E. K.,, etc.. Omniledger : A secure, scale-out, decentralized ledger via

sharding．In Security and Privacy (SP), 2018 IEEE Symposium on (2018)．

[63] Syta E, Jovanovic P, Kogias E K, etc．．Scalable Bias-Resistant Distributed Randomness．In 2017 IEEE Symposium on Security and Privacy (SP)．2017:444–460．

[64] Chen H, Pendleton M, Njilla L, etc．．A survey on ethereum systems secu-rity：Vulnerabilities, attacks, and defenses．ACM Computing Surveys (CSUR)．

[65] Zamani M, Movahedi M, Raykova M．RapidChain：Scaling Blockchain via Full Sharding．In Proceedings of the 2018 ACM SIGSAC Conference on Computer and Communications Security．New York, NY, USA, 2018: 931-948．

[66] Jiaping Wang, Hao Wang．Monoxide：Scale out Blockchains with Asynchronous Consensus Zones．16th USENIX Symposium on Networked Systems Design and Implementation, February 2019, Boston, MA．

[67] Schwartz D, Youngs N, Britto A, et al．．The ripple protocol consensus algorithm. Ripple Labs Inc White Paper．2014, 5 (8)．

[68] Chow J．．BTC relay．2016．

[69] Jae K, Ethan B．．Cosmos：A Network of Distributed Ledgers．

[70] Joseph Poon T D．．The Bitcoin Lightning Network: Scalable Off-Chain Instant Payments．

[71] 熊挺．一种高性能公链共识协议的设计与分析．国防科技大学硕士学位论文，2022．

[72] VISA．Visa acceptance for retailers, 2018．

[73] STATEOFTHEDAPPS．Dapp statistics．2019．

[74] RAY, J．．Sharding faqs, ethereum wiki．2019．

[75] 谢涛，熊挺，李洪波，李浩海，谢琛，谢锦鹏，周荣豪，李慎纲，李竞，刘一炜，王宝来，谢瑾，肖菁．一种基于云计算的区块链分层共识证明体系结构与方法．专利号：ZL202010154431.9．

[76] 谢涛，李洪波，熊挺，李浩海，谢琛，周荣豪，李慎纲，李竞，刘一炜，王宝来，谢瑾，肖菁．一种基于用户二级身份结构的区块链交易监管方法．专利号：ZL202010154432.3．

[77] Li H-B, Xie T, et al．．A decentralized trading model based on public blockchain with regulatable bi-tiered identities．2021 IEEE International Symposium on Parallel and Distributed Processing with Applications (ISPA), 2021．

[78] 李洪波．基于区块链二级身份结构的去中心化交易模型及其应用．国防科技大学硕士学位论文，2022．

第 3 章

区块链去中心化指数

区块链作为数字经济的基础设施，起着连通传统经济与数字经济的桥梁作用。因此，区块链经济的公平性决定了数字经济的未来。区块链经济的公平性由区块链的基本特征即去中心化决定，区块链经济就是去中心化的共识经济。区块链的去中心化是一个可以量化的指标，我们称之为去中心化指数。区块链的去中心化程度越高，去中心化指数就越高，区块链网络就越安全。同时，去中心化指数越高，共识经济也就越公平。

区块链的去中心化指数的计算方式有两种，或者通过统计节点记账机会的分布情况计算（记账机会的去中心化），或者通过统计节点持有数字资产的分布情况计算（数字资产财富分布的去中心化）。参考基尼系数的计算方法（洛伦茨曲线），区块链去中心化指数=1.0-基尼系数。基尼系数越高，则去中心化指数越低，二者是相反的。

当前，数字经济正在引领新一轮经济周期，已经成为经济发展的新引擎。制定数字经济发展的战略规划与政策，建设公平高效的全球数字经济，是世界经济发展共同面临的新挑战。从去中心化指数来看，当前所有区块链网络与数字加密货币的去中心化程度都极低。首先，这使区块链网络的"51%分叉攻击"成为一个现实的安全问题。其次，去中心化程度极低的区块链会造成数字资产持有的极化分布状态，直接导致数字资产金融市场的极度投机性，进一步影响传统金融的稳定性。比特币、莱特币、以太坊和几乎所有当前市场上的区块链网络及其数字货币都存在极高的技术安全风险和金融投机风险，不能代表未来区块链经济与数字货币发展的正确方向。

本章首先介绍基尼系数的起源、定义和计算方法，然后阐述区块链网络的去中心化指数，给出其精确定义及具体计算方法，最后对区块链去中心化指数的技术价值进行阐述。

3.1 基尼系数

基尼系数是一个针对社会经济总体状况的综合统计指标。其中，洛伦兹曲线（Lorenz Curve）是其重要的理论基础。洛伦兹曲线最早由 M.Q. Lorenz 在 Leo Chiozza Money 的启发下于 1907 年提出，该曲线表示在一个总体（国家或地区）内，以"从最贫穷的人口计算起一直到最富有人口"的人口百分比对应收入百分比的点组成的曲线[1,2]。1912 年，意大利经济学家 Corrado Gini 在此基础上定义了基尼系数（Gini Coefficient）[3]。自从基尼系数问世以来，有关基尼系数的研究已经持续了 100 多年[4-6]，基尼系数成为经济学中度量经济不平等的主要指标[7]，被用来度量收入、消费、财富等的不平等状况。基尼系数取值范围为[0, 1]，当值为 0 时，表示收入分配水平绝对平均；当值为 1 时，表示收入分配绝对不平均。因此，基尼系数为监控社会贫富差距、调节社会关系提供了重要指标和可靠的科学决策依据[8,9]。

基尼系数发展出了不同的计算方法[10]。基尼系数可以通过单位正方形中 45°线与洛伦兹曲线定义的两个面积之比率进行求解，也可以表示为基尼平均差（Gini's Mean Difference）的函数，或者表示为收入与收入按大小排序的序数协方差，还可以通过特定的矩阵表达式来进行分析。本节着重介绍基尼系数最直观的几何方法[11]，即面积比率法。当通过面积比率的方法来获取基尼系数时，该系数的几何解释非常清晰。如图 3-1 所示，基尼系数可以表示为两个几何区域之比：洛伦兹曲线与 45°直线之间的区域 *A* 和 45°直线下的区域 *A+B*。

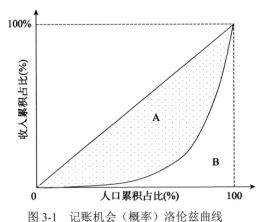

图 3-1 记账机会（概率）洛伦兹曲线

具体计算过程可以描述为：将一国（或地区）总人口按收入由低到高排列，以人口累积百分比为横坐标，以对应的收入累积占比为纵坐标，平滑连接后得到的曲线就是洛伦兹曲线[12]。作经过原点的 45°直线，则可得图 3-1 中的面积 *A* 和面积 *B*。

故基尼系数的公式为

$$G = \frac{S_A}{S_A + S_B}$$

具体面积 *A* 与面积 *B* 的计算方法可以通过积分等方法进行计算[13,14]，此处不再赘述。

3.2 去中心化指数

3.2.1 去中心化指数的定义

区块链去中心化指数是衡量区块链网络系统内所有网络节点记账机会的均匀程度的

指标,用来量化评估区块链网络节点获得记账机会的均匀性,可以综合反映区块链网络系统的安全性、激励机制的公平性和经济学模型的有效性,进而为区块链网络的公平性和安全性研究提供量化评估依据。

3.2.2 去中心化指数的研究方法

区块链去中心化指数有两种计算基础:一是基于节点记账机会的统计分布情况,定量评估所有节点记账机会的去中心化程度;二是基于统计节点持有数字资产的分布情况,评估数字资产财富分布的去中心化程度。区块链去中心化指数参考基尼系数的计算方法,结合区块链网络的实际情况,综合评估区块链网络的去中心化程度。

基于现实数据获取情况,我们将主要研究分布式网络系统记账机会的去中心化程度,即记账机会的去中心化指数。为了表达更加简洁,所述去中心化程度均表示记账机会的去中心化程度,所述去中心化指数均表示记账机会的去中心化指数。记账机会的去中心化指数,就是用来定量评估区块链网络节点获得记账机会的均匀性,是一个可以综合反映区块链网络的系统安全性、激励机制公平性、经济学模型有效性的数量指标。

记账机会的去中心化程度,从统计学角度,就是指网络节点生产区块的概率分布均匀性问题。假定网络节点数量为 n,当每个网络节点生成下一区块的概率均为 $1/n$,则该区块链网络实现了完全去中心化。如果大部分网络节点生成下一区块的概率均为 0,那么该区块链当下的中心化情况严重。在理想条件下,节点生产区块的概率可以通过实时算力的占比直接求出。由于区块的生产过程存在随机性,而且长时间获取完整的实时算力存在一定困难,因此我们可以通过统计一定时间内所有网络节点生成区块的数量计算节点出块的频度,并以频度代替节点出块的概率完成区块链网络去中心化指数的计算过程。

3.2.3 去中心化指数的推导

区块链去中心化指数定量计算 P2P 网络所有节点记账机会的均匀程度,即区块链网络节点生产区块的概率分布问题。假设区块链网络的节点数为 n,所有节点在计算去中心化的时间区间内的挖矿能力(采用 PoW)或权益份额(采用 PoS)保持不变,则网络节点的区块生产过程可以看成一个马尔科夫过程(Markov Process),即节点未来区块的生产概率仅与其前一区块的生产状况相关,而与过去区块的生产过程无关,而且区块的生产过程是一个平稳随机过程。

假设下一区块由网络节点 j 生成的概率 π_j 可由转移概率矩阵 $\boldsymbol{P}=[p_{ij}]$ 计算,其中 p_{ij} 表示上一区块由第 i 个节点生成的条件下,下一区块由第 j 个节点生成的转移概率。我们仅需要考虑下一区块的节点生产概率,对于上一区块的具体节点生产情况可以不需要考虑。因此,可直接计算该过程的平稳随机概率分布 $\boldsymbol{\pi}=[\pi_j]$,其中 π_j 表示下一区块由第 j 个网络节点生成的概率。

将各网络节点按生成下一区块的概率大小进行升序排序,以网络节点数量累积百分比为横坐标,以对应的区块生产累计概率占比为纵坐标,可得到点序列

$$(0,0),(\frac{1}{n},\pi_1),\cdots,(\frac{k}{n},\sum_{i=1}^{k}\pi_i),\cdots,(1,1)$$

平滑连接后得到的曲线即为区块链网络记账机会(概率)的洛伦兹曲线,如图 3-2 所示。

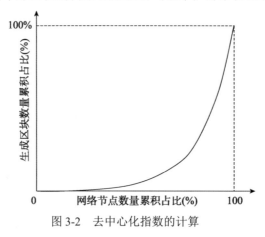

图 3-2 去中心化指数的计算

理想情况下,网络节点区块生产的平稳随机概率分布即为各网络节点的实时算力占比。网络节点区块生产作为一个马尔科夫过程,在经过有限次状态转移后,无论初始状态的概率分布如何,网络节点区块生产最终状态的概率分布一定会达到稳定。同时,网络节点区块生产作为一个平稳随机过程,我们可以计算一定时间区间内网络节点生产区块的频率,并以节点生产区块的频率分布代替节点生产区块的概率分布。在实际操作中,由于长时间获取整个网络节点的完整实时算力或资产权益(stakes)存在一定困难,我们简单地以一定时间之内节点生产区块的频率分布代替网络节点的算力分布或资产权益分布。计算的时间区间越长,网络节点区块生产的频率分布就越逼近节点的算力分布或资产权益分布。

假设在一定时间内生成的区块总数为 S,将所有网络节点按照该时间段内生成的区块数量进行升序排序,得到 n 个网络节点各自生成区块的序列为 $(x_1,x_2,\cdots,x_n)$,其中,

· 88 ·

$$x_1 \leqslant x_2 \leqslant \cdots \leqslant x_n$$

计算 $\pi_i = \dfrac{x_i}{S}$，并以网络节点数量累积百分比为横坐标，以对应生成的区块数量累积占比为纵坐标，可得到点序列

$$(0,0), (\frac{1}{n}, \frac{x_1}{S}), \cdots, (\frac{k}{n}, \frac{1}{S}\sum_{i=1}^{k} x_i), \cdots, (1,1)$$

平滑连接后，得到的曲线即为区块链记账机会（频率）的洛伦兹曲线，同时作过原点的45°直线，如图3-3所示。

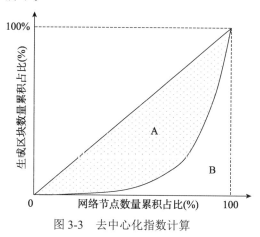

图3-3 去中心化指数计算

在图3-3中，洛伦兹曲线与45°直线之间的面积部分 A 称为"中心化面积"，B 为"去中心化面积"；A 与 B 之和为"完全去中心化面积"，45°直线为"完全去中心化曲线"。区块链的去中心化指数即去中心化面积 B 与完全去中心化面积 A+B 之比。

所以，区块链网络的去中心化指数为

$$D = \frac{S_B}{S_A + S_B} = 2S_B$$

根据以上公式，可得到去中心化指数取值范围为[0, 1]。当去中心化指数值为 0 时，表示区块链网络内节点记账机会绝对中心化；当去中心化指数值为 1 时，表示区块链网络内所有节点的记账机会完全均等。

3.2.4 去中心化指数的具体计算

如上所述，区块链去中心化指数可以通过选定时间内各节点生成区块的情况来计算。通过各节点生产区块的情况计算去中心化指数时，可以针对区块生产节点的多少来细化具体计算方法。

进行去中心化指数计算前，每个时间精度周期内需要获取的数据包括：① 所有网络节点生成的区块总数 S；② 每个网络节点生成的区块数量；③ 网络节点总数 n。针对不同情况进行去中心化指数计算的四种方法如下。

1. **直接计算法**

假设时间精度周期内区块链网络节点 i 生产的区块数量为 x_i（$1 \leq i \leq n$），则

$$S = \sum_{i=1}^{n} x_i$$

直接计算法不依赖于洛伦兹曲线，直接度量网络节点出块的均匀程度。

定义

$$\Delta = \frac{1}{n^2} \sum_{i=1}^{n} \sum_{j=1}^{n} |x_i - x_j| \quad (0 \leq \Delta \leq 2\overline{x}) \tag{3-1}$$

其中，Δ 是网络节点出块数量的平均差，$|x_i - x_j|$ 是任何一对网络节点出块数量的绝对差值，n 是网络节点总数，$\overline{x}$ 是网络节点出块数量的平均值，$\overline{x} = S/n$。

定义去中心化指数

$$D = 1 - \frac{\Delta}{2\overline{x}} \quad (0 \leq D \leq 1)$$

将式(3-1)代入后，可得到去中心化指数的计算方法为

$$\begin{aligned} D &= 1 - \frac{1}{2\overline{x}} \times \frac{1}{n^2} \sum_{i=1}^{n} \sum_{j=1}^{n} |x_i - x_j| \\ &= 1 - \frac{1}{2nS} \sum_{i=1}^{n} \sum_{j=1}^{n} |x_i - x_j| \end{aligned} \tag{3-2}$$

直接计算法只涉及网络节点出块数量的算术运算，只要不存在来源于样本数据方面的误差，就不存在产生误差的环节。

2. **梯形求和法**

将网络节点按照所选时间段内生成的区块数量对网络节点进行升序排序，得到 n 个网络节点各自生成区块数量的序列为 $(x_1, x_2, \cdots, x_n)$，其中 $x_1 \leq x_2 \leq \cdots \leq x_n$。以生成区块数量的累积占比为纵轴，网络节点数量累积占比为横轴，由 $n+1$ 个坐标点

$$(0,0), (\frac{1}{n}, \frac{x_1}{S}), \cdots, (\frac{k}{n}, \frac{1}{S}\sum_{i=1}^{k} x_i), \cdots, (1,1)$$

连成一条去中心化曲线。

利用梯形法估算 B 区域的面积：

$$S_B = \frac{0+x_1}{2nS} + \frac{x_1+x_1+x_2}{2nS} + \cdots + \frac{\sum_{i=1}^{k-1}x_i + \sum_{i=1}^{k}x_i}{2nS} \cdots + \frac{\sum_{i=1}^{n-1}x_i + \sum_{i=1}^{n}x_i}{2nS}$$

$$= \frac{1}{2nS}\sum_{i=1}^{n}\left[(n-i+1)x_i + nx_i - ix_i\right]$$

$$= \frac{1}{2} + \frac{1}{2nS}\sum_{i=1}^{n}\left[(n-i+1)x_i - ix_i\right] \tag{3-3}$$

$$= \frac{1}{2} + \frac{1}{2nS}\sum_{i=1}^{n}\left(\sum_{j=1}^{i}x_j - \sum_{j=1}^{i}x_i\right)$$

$$= \frac{1}{2} - \frac{1}{2nS}\sum_{i=1}^{n}\sum_{j=1}^{i}(x_i - x_j)$$

$$= \frac{1}{2} - \frac{1}{4nS}\sum_{i=1}^{n}\sum_{j=1}^{n}|x_i - x_j|$$

根据式(3-3)可以求得去中心化指数为

$$D = 2S_R$$
$$= 1 - \frac{1}{2nS}\sum_{i=1}^{n}\sum_{j=1}^{n}|x_i - x_j| \tag{3-4}$$

可见，梯形求和法与直接计算法的计算结果是一致的。

3．分组求和法

当生成区块的网络节点数量较多时，一般将数据进行分组，即数据中只给出某区间内的网络节点数量和平均出块数目。分组求和法是梯形求和法进的简化计算方法。

将所有网络节点数据 $[a,b]$ 分为 k 个长为 $2h$ 的等距区间 (a_{i-1},a_i)（$i=1,2,\cdots,k$），即 $a_0=a,\cdots,a_k=a+2kh$，第 i 个区间 (a_{i-1},a_i) 内的样本量为 n_i，总样本量

$$n = \sum_{i=1}^{k}n_i$$

假设区间在样本区间内分布均匀，则均值

$$\bar{x} = \sum_{i=1}^{k}\frac{a+(2i-1)h}{n}n_i$$
$$= a + \frac{h}{n}\sum_{i=1}^{k}(2i-1)n_i$$

根据式(3-1)，将 $\sum\sum|x_i - x_j|$ 分为两部分：一部分为各组间数据差值的绝对值 α_1，另一部分为各组内数据差值的绝对值 α_2，则

$$\alpha_1 = 4\sum_{1 \leq i \leq j \leq k} n_i n_j (j-i) h$$

$$\alpha_2 = h \sum_{1 \leq i \leq k} \frac{n_i^2 - 3n_i + 1}{3}$$

在抽样分组数据的情况下,去中心化指数的计算公式为

$$D = 1 - \frac{\alpha_1 + \alpha_2}{nS} \tag{3-5}$$

4．积分法

拟合曲线法计算去中心化指数的思路是采用数学方法拟合出洛伦兹曲线,得出曲线的函数表达式,然后用积分法求出 B 的面积,计算去中心化指数。通常是通过设定洛伦兹曲线方程,用回归的方法求出参数,再计算积分。

例如,设定洛伦兹曲线的函数关系式为幂函数

$$f(x) = ax^b$$

根据选定的样本数据,用回归法求出洛伦兹曲线。如 $a = a_0$,$b = b_0$,求积分

$$\begin{aligned} D &= 2S_B \\ &= 2\int_0^1 f(x)\mathrm{d}x \\ &= 2\int_0^1 a_0 x^{b_0} \mathrm{d}x \\ &= \frac{2a_0}{b_0 + 1} \end{aligned} \tag{3-6}$$

拟合曲线法在两个环节容易产生谬误:一是拟合洛伦兹曲线,得出函数表达式的过程可能产生误差;二是拟合出来的函数应该是可积的,否则无法计算。

上述四种方法分别针对求解区块链去中心化指数时的四种情况:

① 当通过各节点生产区块的情况来计算,同时在所选时间段内生产区块的节点数量很少时（一般指少于1000个）,可以通过直接计算法来计算。

② 当通过各节点生成区块情况来计算且在所选时间段内生成区块的节点数量较少时（一般指少于10000个）,可以通过梯形求和法来计算。

③ 当所选时间段内生成区块的节点数量较多时（不少于10000个）,可以通过分组求和法来进行计算。

④ 当需要将两个区块链网络的去中心化程度进行对比且两者生成区块的节点数量相差极大时,可以通过积分法得到更加精确的结果。

3.3 区块链去中心化指数的技术价值

3.3.1 区块链去中心化指数的研究目标

我们对去中心化指数的定量计算是希望能够将区块链网络的去中心化程度进行量化,从而定量直观反映和监测所有网络节点客观的矿力分布:一方面,可以为分析区块链网络经济的公平性提供参考指标;另一方面,作为衡量区块链网络安全的参数,可以比较不同区块链网络的共谋攻击难度,预报、预警和防止区块链网络的中心化趋势。

我们希望通过去中心化指数研究提供一种区块链网络去中心化程度的评估标准体系,并且对当前市场上所有区块链及其数字货币进行优良度(公平性和安全性)评估,为行业和用户投资区块链技术、数字资产提供选择依据。同时,通过定期或在线实时公布所有区块链及其数字货币的去中心化指数,指导区块链技术与数字货币领域的创新创业,通过扩充和完善整个指标体系,形成科学、定量的综合性指标评估体系,引导区块链经济健康发展,发展真正去中心化的、公平而高效的区块链网络经济,从而淘汰当前市场上具有极高安全风险的区块链网络和数字货币。最终,通过自由、公平的市场竞争,让数字资产从危险、劣质、伪去中心化的区块链尽快转移到安全、公平、真正去中心化的区块链网络。

3.3.2 区块链去中心化指数的研究价值

去中心化的目的就是进行技术权力分散,权力越分散系统越安全,因此网络的去中心化是一个可以量化的软指标,而不是一个Yes/No的硬概念。如果3~4家矿池合作可以产生超过51%的矿力,区块链网络就可以看成具有3~4个中心。这3~4个节点如果成为网络的中心控制节点联盟,对其余成千上万以至数以亿计的网络节点来说就是不公平的。

那么,51%攻击可以干哪些坏事呢?第一,51%攻击可以通过区块链回滚修改历史区块记录,或者通过更改自己的历史支付产生双花攻击,或者通过删除别人的支付来达到自己的某种目的;第二,51%攻击可以控制网络的支付记录权,或者通过禁止某些特别账号的支付来冻结其中的余额,或者通过某种具有优先次序的交易打包机制来为自己谋利;第三,具有超过51%算力的矿池或矿池联盟,可以任意改变共识协议的参数甚至共识机制,通过产生区块链分叉达到自己的某些商业目的,如比特币、以太坊的分叉币就是通过硬分叉过程产生的;第四,当区块链网络被"计算中心化"后,区块链网络的

"中心矿池"容易成为 DoS 攻击的目标或其他黑客攻击的目标。记账机会的去中心化指数就是用来定量评估区块链网络节点获得记账机会的均匀性，是一个可以综合反映一个区块链网络的系统安全性、激励机制公平性、经济学模型有效性的数量指标，综合反映区块链网络的公平性与安全性。

当加密资产持有比传统财富分配差距还要大的时候，又会给数字货币或区块链经济带来什么影响呢？除了具有传统财富分配不均所带来的所有问题，加密资产持有的极化分布状态使加密资产只能成为金融投机的标的。成为投机标的之后的加密资产在全球性交易市场 24 小时、365 天无停歇的交易过程中，完全成为了一个收割韭菜的金融投机工具。极少数控制大量加密资产的"巨鲸"大户通过买空卖空的市场操作（做市），导致加密资产交易市场持续剧烈波动，从中渔利。加密货币因而失去了其作为数字现金的支付功能，背离了其作为传统金融制衡载体的设计理念，加剧了金融市场的混乱。更严重的后果是，对于采用权益证明机制（PoS）或委托权益证明机制（DPoS）的区块链网络，极化分布的加密资产会产生极化的记账投票权分布，区块链网络从而退化为事实上的中心化系统。数字资产财富的去中心化指数就是用来定量评估数字货币发放与持有的均匀性，可以综合反映一个数字货币的价值共识范围、货币流通边界和金融普惠广度，是一个反映数字货币公平性和安全性的综合性指标。

如果将区块链网络作为数字经济的基础设施，那么区块链经济就是去中心化的共识经济。去中心化指数通过量化评估区块链网络的去中心化程度，如果网络去中心化指数较小，就应该采取相应措施调整矿力分布，从而有效激励全网节点参与共识记账投票的积极性，有针对性地指导、改进区块链网络的共识机制设计和参数优化，降低区块链网络的中心化程度。

去中心化指数是区块链数字经济中具有多学科交叉研究性质的研究内容，涉及统计学、经济学、金融学、政治学、管理科学与分布式复杂系统理论，不仅可以为现代经济学发展提供新的研究内容与新的研究方向，促进经济学的多元交叉发展，又可以为区块链技术发展提供新的理论框架，推动区块链科学的合理有序发展。因此，去中心化指数研究具有一定的经济学意义与区块链学科发展价值。

参考文献

[1] Altman E.I. Financial ratios, discriminant analysis and the prediction of corporate

bankruptcy. The journal of finance, 23(4), 589-609. 1968.

[2] Bhattacharya N, Mahalanobis B. Regional disparities in household consumption in India. Journal of the American Statistical Association, 62(317), 143-161. 1967.

[3] Gini C. Measurement of Inequality of Incomes. The Economic Journal, 31(121), 124-126. 1921.

[4] Anand S. Inequality and poverty in Malaysia: Measurement and decomposition. The World Bank. 1983.

[5] Chakravarty S. R. Ethical social index numbers. Springer Science & Business Media. 2012.

[6] Seidl C. The Distribution and Redistribution of Income: A Mathematical Analysis. 1991.

[7] Berk R. H. Limiting behavior of posterior distributions when the model is incorrect. The Annals of Mathematical Statistics, 51-58. 1996.

[8] Wagstaff A, Paci P, Van Doorslaer E. On the measurement of inequalities in health. Social science & medicine, 33(5), 545-557. 1991.

[9] Lerman Z. Policies and institutions for commercialization of subsistence farms in transition countries. Journal of Asian Economics, 15(3), 461-479. 2004.

[10] Dalton H. The measurement of the inequality of incomes. The Economic Journal, 30(119), 348-361. 1920.

[11] Yao S. On the decomposition of Gini coefficients by population class and income source: a spreadsheet approach and application. Applied economics, 31(10), 1249-1264. 1999.

[12] Gastwirth J. L. The estimation of the Lorenz curve and Gini index. The review of economics and statistics, 306-316. 1972.

[13] Fei J. C, Ranis G. Income inequality by additive factor components. 1974.

[14] Fei J. C, Ranis, G, Kuo S.W (1978). Growth and the family distribution of income by factor components. The Quarterly Journal of Economics, 92(1), 17-53.

第 4 章

去中心化指数实证分析

在总市值排名前十位的数字加密货币中，比特币、以太坊和莱特币作为数字加密货币的主流公共区块链网络的排名一直居于前几位。尤其是比特币作为去中心化加密货币的开创者，虽然其市值占比已从 2017 年的 60% 跌至 2021 年的 38.6%，但一直位居首位，足以说明市场对比特币的信任度。以太坊作为区块链 2.0 版的创造者和代表，其总市值一直呈上升趋势，已经接近比特币的一半，排名紧随其后。莱特币作为比特币的第一个山寨币，虽然最近排名已经下落到第 22 名，但一直具有比较稳定的市场信任。比特币、以太坊和莱特币都具有自身难以克服的效率缺陷，比特币每秒 7 笔左右，以太坊每秒 30～40 笔，莱特币也只有每秒 28 笔左右，过低的交易处理效率降低了其商业推广价值。针对比特币、以太坊的高确认延迟和低吞吐量的性能瓶颈及其导致的高交易费用的应用门槛问题，EOS 作为商用分布式应用的区块链操作系统，引入一种新的区块链架构，旨在通过提高分布式应用的性能可扩展性（期望超过 1000TPS，2020 年 6 月 EOS 主网峰值突破 4000TPS）实现免手续费的交易。数字加密货币的市场价格应该由其价值决定，一种加密货币的价值取决于发行该币的区块链网络的商业应用价值，而商业价值直接由区块链网络的去中心化程度、可扩展性和安全性决定。因此，我们可以通过计算总市值排名前十位的数字加密货币的去中心化指数，从客观定量的区块链性能评估指标分析市场对数字加密货币及其区块链网络价值的认知是否合理。

限于篇幅，我们仅对比特币、以太坊、莱特币和 EOS 进行去中心化指数的实证分析，选择 EOS 区块链操作系统是因为其采用 21 个共识记账节点的 BFT-DPoS 混合共识机制具有一定的代表性，去中心化指数计算结果能够为 EOS 的中心化和去中心化之争提供可靠的科学判断证据。

4.1 当前主流区块链去中心化指数分析

4.1.1 比特币（公共区块链）网络当前去中心化指数

根据 3.2 节要求，获取并计算 2021 年 7 月内比特币网络相应数据：① 比特币网络上所有节点生成的区块总数 S；② 每个节点生成的区块数量；③ 比特币网络的所有网络节点数。（数据来源见相关网站，下同。）将网络节点按照 2021 年 7 月内生成区块的多少来对网络节点进行升序排序，可以得到 n 个网络节点各自生成区块的序列为 $(x_1, x_2, \cdots, x_n)$，其中 $x_1 \leqslant x_2 \leqslant \cdots \leqslant x_n$。以生成区块数量累积占比为纵轴，网络节点数量

累积占比为横轴,将

$$(0,0), (\frac{1}{n}, \frac{x_1}{S}), \cdots, (\frac{k}{n}, \frac{1}{S}\sum_{i=1}^{k} x_i), \cdots, (1,1)$$

分别在坐标系中作点,平滑连接后,可以得到相应曲线,如图 4-1 所示。

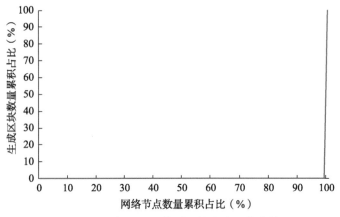

图 4-1　2021 年 7 月比特币网络去中心化曲线

可以发现,折线在接近 100%时才开始上升,近乎为直线。为了方便观察,我们截取最后一小部分进行查看,如图 4-2 所示,网络节点数量一直累积到 99.99999%时,生成区块的累积数量才开始从 0 缓慢增长,表明仅有 0.00001%的网络节点参与了记账,可见比特币网络去中心化程度之低。

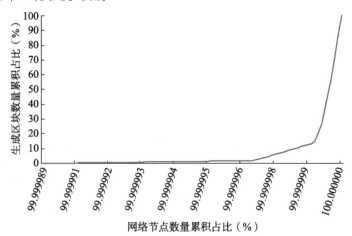

图 4-2　2021 年 7 月比特币网络去中心化曲线(部分)

当然,我们在计算比特币的当前去中心化指数时可以选择不同的精度。上述计算的精度为月,考虑的是 2021 年 7 月内的三类数据。同时,我们可以选择精度为天、周、月、季、年,选取相应条件下的三类数据。如当选择精度为季时,则选取数据为 2021 年 5 月至 7 月的如下数据:① 比特币网络的所有节点生成的区块总数;② 每个节点生成的区块数量；③ 比特币网络的所有网络节点数。其他计算过程类似，可以求出不同精度下的去中心化指数，以2021年7月31日为计算节点，比特币网络在不同精度下的去中心化指数如图4-3所示。

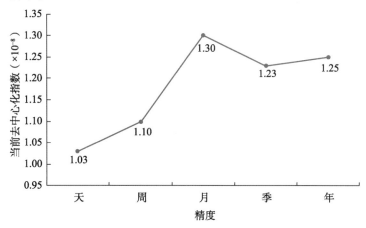

图4-3　2021年7月31日比特币网络去中心化曲线（不同精度）

4.1.2　以太坊（公共区块链）网络当前去中心化指数

根据3.3节要求，获取2021年7月内以太坊网络相应数据：① 以太坊网络的所有节点生成的普通区块总数S；② 每个节点生成的普通区块数量；③ 以太坊网络的所有网络节点数。采用类似方法，将网络节点进行升序排序，得到n个网络节点各自生成区块的序列为$(x_1, x_2, \cdots, x_n)$。以生成区块数量累积占比为纵轴，网络节点数量累积占比为横轴，将

$$(0,0), (\frac{1}{n}, \frac{x_1}{S}), \cdots, (\frac{k}{n}, \frac{1}{S}\sum_{i=1}^{k} x_i), \cdots, (1,1)$$

分别在坐标系中作点，平滑连接后可以得到相应曲线，如图4-4所示。

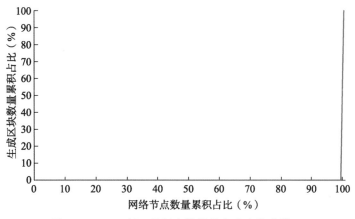

图4-4　2021年7月以太坊网络去中心化曲线

为了方便观察，截取最后一小部分来进行查看，如图 4-5 所示，网络节点数量一直累积到 99.999951%时，区块的累积数量才开始从 0 缓慢增长，表明仅有 0.000049%的网络节点参与了记账，可见以太坊网络的去中心化也不理想。

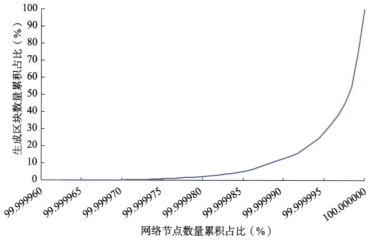

图 4-5　2021 年 7 月以太坊网络去中心化曲线（部分）

可以采取相同办法，计算出以太坊去中心化指数在不同精度下的值，如图 4-6 所示。

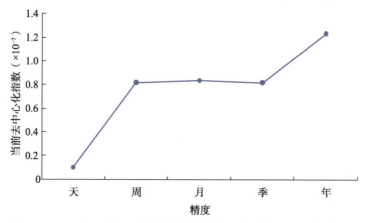

图 4-6　2021 年 7 月 31 日以太坊网络去中心化曲线（不同精度）

4.1.3　莱特币（公共区块链）网络当前去中心化指数

采用相同方法，我们可以计算莱特币网络的当前去中心化指数。选择不同的精度时，考虑不同时间段的三类数据：① 莱特币上所有节点生成的区块总数；② 每个节点生成的区块数量；③ 莱特币网络的所有网络节点数。以 2021 年 7 月 31 日为计算节点，可以计算出莱特币网络在不同精度下的去中心化指数，如图 4-7 所示。

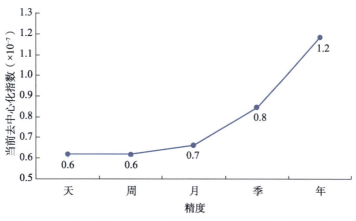

图 4-7 2021 年 7 月 31 日莱特币网络去中心化曲线（不同精度）

4.1.4　EOS（联盟链）当前去中心化指数

相对于上述其他区块链网络而言，EOS 使用 BFT+DPoS 共识机制。DPoS 通过赋予 EOS 通证持有人投票权，每次投票选出 21 个"超级节点"来担任记账人的角色，保证整个网络的正常运行。同时，每个超级节点通过协商方式确定各自出块顺序，并且每轮产生 6 个区块以减少网络延时的影响，每次出块时间为 0.5 秒，超级节点间按顺序处理交易。根据 EOS 共识机制，每 126 个连续新建区块共有 21 个"超级节点"参与记账。

当然，如果能够确保当区块数量足够多时，每个节点都能当选"超级节点"，那么 EOS 的去中心化程度仍然会较高。因此，我们仍采用相同方法，获取一定时间内的区块生成情况。以 2021 年 8 月 12 日为例，超级节点与相应的区块生成情况如表 4-1 所示。

表 4-1　EOS 的 2021 年 8 月 12 日区块生成情况

序号	超级节点	区块生成数量	序号	超级节点	区块生成数量
1	zbeosbp11111	8220	12	eoscannonchn	8232
2	whaleex.com	8220	13	eosasia11111	8232
3	starteosiobp	8220	14	blockpooleos	8232
4	okcapitalbp1	8220	15	binancestake	8232
5	newdex.bp	8220	16	big.one	8232
6	helloeoscnbp	8220	17	atticlabeosb	8232
7	bitfinexeos1	8232	18	hashfineosio	8232
8	eosinfstones	8232	19	eosrapidprod	8232
9	eoshuobipool	8232	20	eosnationftw	8232
10	eosflytomars	8232	21	eosiosg11111	8232
11	eoseouldotio	8232	/		

在 2021 年 8 月 12 日生成的 172800 个区块中,只有 21 个超级节点,即在当天的 1000 多次投票中,超级节点没有发生任何改变。基于定性分析,可以看出 EOS 记账的去中心化能力非常低。

为了进一步进行定量分析,基于 3.3 节的方法,我们获取到 2021 年 8 月 12 日 EOS 主网的所有用户节点总数为 2791061。因此,与上述方法类似,将网络节点进行升序排序,得到 n 个网络节点各自生成区块的序列为 $(x_1, x_2, \cdots, x_n)$。以生成区块数量累积占比为纵轴,网络节点数量累积占比为横轴,将

$$(0,0), (\frac{1}{n}, \frac{x_1}{S}), \cdots, (\frac{k}{n}, \frac{1}{S}\sum_{i=1}^{k} x_i), \cdots, (1,1)$$

分别作点,即

$$(0,0), (\frac{1}{2791061}, 0), (\frac{2}{2791061}, 0), \cdots, (\frac{2791059}{2791061}, \frac{156336}{172800}), (\frac{2791060}{2791061}, \frac{164568}{172800}), (1,1)$$

平滑连接后可以得到相应曲线,如图 4-8 所示。

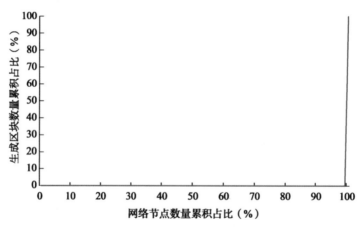

图 4-8 2021 年 8 月 12 日 EOS 去中心化曲线(精度为天)

通过梯形法,可以计算 2021 年 8 月 12 日 EOS 的去中心化指数为 7.522×10^{-6}。将该曲线最后部分进行放大展示如图 4-9 所示。可以看到,网络节点数量一直累积到 99.9992%时,区块的累积数量才开始从 0 匀速增长,表明仅有 0.0008%的网络节点参与了记账,可见 EOS 网络的去中心化程度十分不理想。

此处,在网络节点数量一直累积到 99.9992%后,生成区块的累积占比开始匀速增长,主要是因为 21 个超级节点相应记账的机会几乎均等,相应的曲线段才会成为直线。

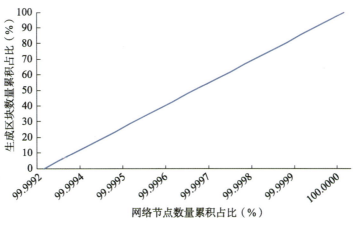

图 4-9 2021 年 8 月 12 日 EOS 去中心化曲线（精度为天，部分）

采取相同办法，也可以计算出 EOS 在不同精度下的去中心化指数。如在计算以周为精度的去中心化指数时，可以获取相应一周内的区块生成情况。以 2021 年 8 月 12 日为例，获取 8 月 6～12 日生成区块的节点与相应的生成数量如表 4-2 所示。

表 4-2　EOS 的 2021 年 8 月 6 日～12 日区块生成情况

序号	超级节点	区块生成数量	序号	超级节点	区块生成数量
1	aus1genereos	9900	12	starteosiobp	57618
2	eosinfstones	47724	13	hashfineosio	57618
3	eosnationftw	57324	14	eosrapidprod	57618
4	eosasia11111	57588	15	eoshuobipool	57618
5	eosiosg11111	57588	16	eosflytomars	57618
6	blockpooleos	57588	17	eoseouldotio	57618
7	atticlabeosb	57618	18	bitfinexeos1	57618
8	okcapitalbp1	57618	19	binancestake	57618
9	eoscannonchn	57618	20	big.one	57618
10	zbeosbp11111	57618	21	newdex.bp	57618
11	whaleex.com	57618	22	helloeoscnbp	57618

同时，获取到 2021 年 8 月 6～12 日 EOS 主网的网络节点地址总数为 2791061。因此，可作出其去中心化曲线，整体图与局部放大图分别如图 4-10 和图 4-11 所示。通过梯形法，可以计算到以周为精度的 EOS 的去中心化指数为 7.527×10^{-6}。

同理，采用相同方法，获取 2021 年 7 月 13 日～8 月 12 日的相关数据，计算出以月为精度的 EOS 的去中心化指数为 7.901×10^{-6}。不同时间精度的计算结果如图 4-12 所示。

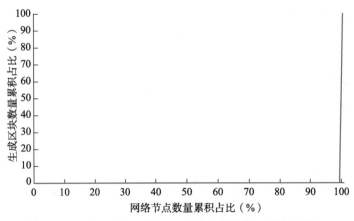

图 4-10　2021 年 8 月 12 日 EOS 去中心化曲线（精度为周）

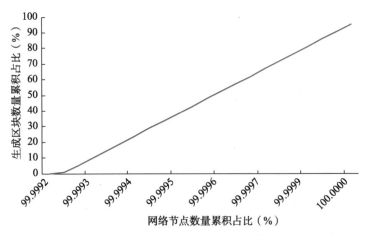

图 4-11　2021 年 8 月 12 日 EOS 去中心化曲线（精度为周，部分）

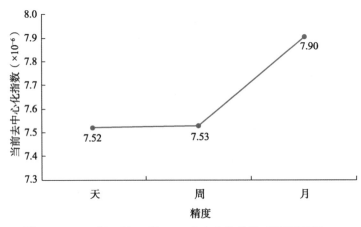

图 4-12　2021 年 8 月 11 日 EOS 去中心化曲线（不同精度）

4.2 狭义去中心化指数

当我们使用上述方法进行去中心化指数计算时，考虑的是完整去中心化情况，即平等对待所有用户，可以评估整个区块链网络体系的去中心化程度。在某些情况下，如对区块链网络开发者或者部分 DApp 而言，那些空网络节点或者持币数为 0 的网络节点不应该在其考虑范围，我们就需要考虑特殊细化的群体——持币节点内的去中心化指数，简称狭义去中心化指数。

直观上，生成区块的网络节点都包含在持币网络节点中，生成区块的相关数据不变，而总的网络节点数降低了。这样，狭义去中心化指数就应当比去中心化指数值更高。

以比特币为例，以 2021 年 7 月 31 日为计算节点计算其狭义去中心化指数，我们先计算以月为精度的指数值。首先，获取 2021 年 7 月内的三类数据：① 比特币网络上所有持币节点生成的区块总数 S；② 每个持币节点生成的区块数量；③ 比特币网络的所有持币网络节点数。将持币网络节点按照 7 月内生成区块的多少来对网络节点进行升序排序，可以得到 n 个网络节点各自生成区块的序列为 $(x_1, x_2, \cdots, x_n)$，其中 $x_1 \leqslant x_2 \leqslant \cdots \leqslant x_n$。以生成区块数量累积占比为纵轴，持币网络节点数量累积占比为横轴，将

$$(0,0), (\frac{1}{n}, \frac{x_1}{S}), \cdots, (\frac{k}{n}, \frac{1}{S}\sum_{i=1}^{k} x_i), \cdots, (1,1)$$

分别作点，平滑连接后可以得到相应曲线，如图 4-13 所示。可以看到，直至最后一部分时才有网络节点可以生成区块。为方便观察，截取最后一小部分进行查看，如图 4-14 所示。

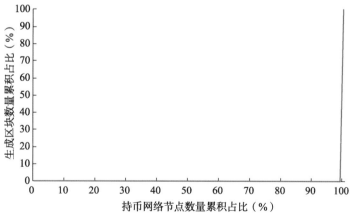

图 4-13 2021 年 7 月比特币网络狭义去中心化指数

同时，我们可以对狭义去中心化指数采取不同精度进行计算。以 2021 年 7 月 31 日为计算节点，可以计算出比特币网络在不同精度下的狭义去中心化指数，如图 4-15 所示。

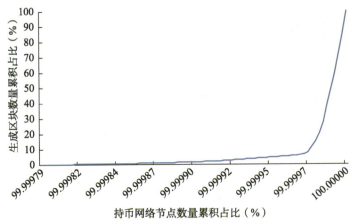

图 4-14 2021 年 7 月比特币网络狭义去中心化指数（部分）

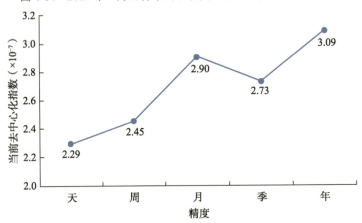

图 4-15 2021 年 7 月 31 日比特币网络狭义去中心化指数（不同精度）

4.3 去中心化指数历史趋势

4.3.1 去中心化指数历史趋势

本节主要计算比特币与以太坊网络的去中心化指数的时间序列图。

首先，对比特币网络的去中心化指数的时间序列图进行计算。我们获取了 2009 年 1 月至 2021 年 7 月的相关数据：① 该段时间内，每月比特币网络的所有节点生成的区块总数；② 该段时间内，每月每个节点生成的区块数量；③ 该段时间内，比特币网络的所有网络节点数。计算比特币的去中心化指数的时间序列，如图 4-16 所示。

不难看出，比特币网络的去中心化指数大体呈现下降趋势，在 2013 年后，逐步缩减至极小。为了更好地展示 2013 年后的去中心化趋势，我们分别截取 2013 年 1 月至 2021

年 7 月、2015 年 1 月至 2021 年 7 月的相关数据，计算去中心化指数并绘制其趋势图，如图 4-17 和图 4-18 所示。

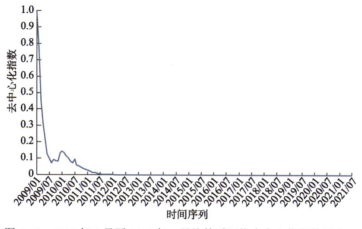

图 4-16　2009 年 1 月至 2021 年 7 月比特币网络去中心化指数历史

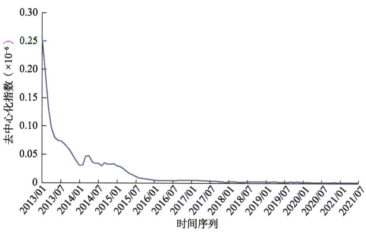

图 4-17　2013 年 1 月至 2021 年 7 月比特币网络去中心化指数历史趋势

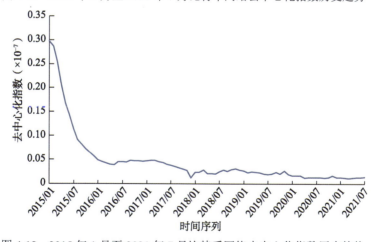

图 4-18　2015 年 1 月至 2021 年 7 月比特币网络去中心化指数历史趋势

上面主要计算了 2009 年 1 月至 2021 年 7 月期间，比特币网络中去中心化指数变化的情况，我们将变化的精度控制在月，即计算每月的去中心化指数。实际过程中，我们也可以计算以年为精度的去中心化指数，从而对变化趋势有更直观的了解。我们对 2009 年至 2013 年期间的比特币去中心化指数进行计算，可以获取如下数据进行计算：① 期间，每年比特币网络上所有节点生成的区块总数；② 期间，每年每个节点生成的区块数量；③ 期间，每年比特币网络的所有网络节点数。那么，计算出的比特币网络去中心化指数历史趋势如图 4-19 所示。

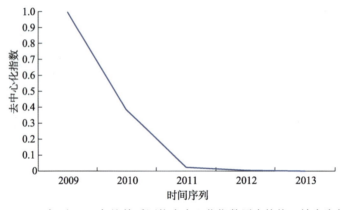

图 4-19　2009 年至 2013 年比特币网络去中心化指数历史趋势（精度为年）

2014 年后的去中心化指数与 2013 年类似，相较于 2009 年至 2012 年，都非常小，此处不再展示。

同样，对于以太坊网络，我们获取 2018 年 1 月至 2021 年 7 月内以太坊网络的相关数据：① 期间，每月以太坊网络上所有节点生成的区块总数；② 期间，每月每个节点生成的普通区块数量；③ 期间，以太坊网络的所有网络节点数。计算出的以太坊网络去中心化指数历史趋势如图 4-20 所示。

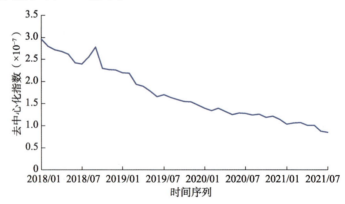

图 4-20　2018 年 1 月至 2021 年 7 月以太坊网络去中心化指数历史趋势（精度为月）

4.3.2 链内去中心化指数

4.3.1 节中计算了比特币网络与以太坊网络去中心化指数的历史趋势图，并通过不同的精度来分析不同的计算效果，我们可以更好地观察区块链网络去中心化指数的变化情况，并对不同区块链不同时期的去中心化程度进行对比分析。然而，由于不同区块链存在不同的参数限制，如比特币每月生成区块数量为 4320 左右，而比特币网络节点的人数却在不断增加，这样即使在节点区块生成分配方式完全平均的情况下，去中心化指数仍然是不断下降的。因此我们设立链内去中心化指数，专门为区块链网络开发者提供指标，以此显示在不更改区块链共识机制与出块数量的情况下，区块的分布是否出现不安全的集聚现象。

我们获取 2009 年 1 月至 2021 年 7 月期间比特币网络的相关数据：① 期间，每月比特币上所有节点生成区块的总数 n；② 期间，每月每个节点生成区块的数量。

将选定时间精度内区块链所有的网络节点按照生成区块的多少进行升序排序，选取后 n 个网络节点数据，并按照顺序设各网络节点生成区块数为 $(x_1, x_2, \cdots, x_n)$，则可如下计算链内去中心化指数：

$$D = 1 - \frac{1}{2}\sum_{i=1}^{n}\sum_{j=1}^{n}\frac{|x_i - x_j|}{n^2}$$

计算出的比特币网络链内去中心化指数历史趋势如图 4-21 所示。

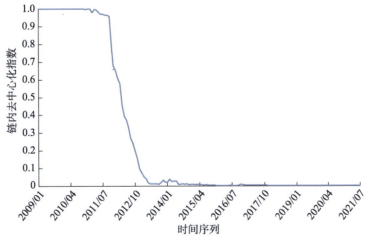

图 4-21 比特币网络链内去中心化指数历史趋势（精度为月，2009 年 1 月至 2021 年 7 月）

由于 2013 年后的链内去中心化指数过低，我们将 2013 年至 2021 年的链内去中心化指数值单独截取展示，如图 4-22 所示，可以看到链内去中心化指数的波动趋势。链内去中心化指数能够为区块链开发者提供所在区块链网络较好的去中心化程度考核指标，当链内去中心化指数达到 1.0 时，说明链内已经完全去中心化。如果进一步提高去中心化程度，就需要从区块链底层共识机制与出块数量设计等方面进行提升。

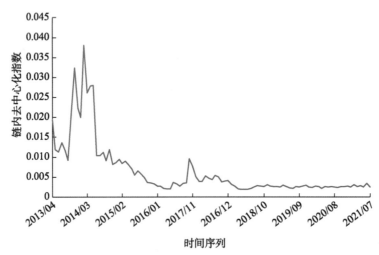

图 4-22　比特币网络链内去中心化指数历史趋势（精度为月，2013 年 4 月至 2021 年 7 月）

同时，我们可以截取比特币网络近一个月（2021 年 7 月）的链内去中心化指数进行分析。可以看到，2021 年 7 月比特币网络链内去中心化指数如图 4-23 所示。

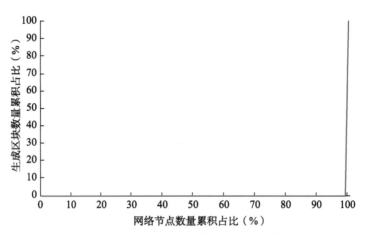

图 4-23　2021 年 7 月比特币网络链内去中心化指数

将网络节点数量累计占比 98% 之后的图表单独展示，如图 4-24 所示。即使使用与区块数目相同的网络节点数，并且选取生成区块数目最多的相应网络节点来计算，仍然需要网络节点数目达到 98% 后，才陆续有区块生成。可以看出，比特币网络除了区块生成数量有限，系统算力过于集中仍然是导致比特币网络过度中心化的主要原因。

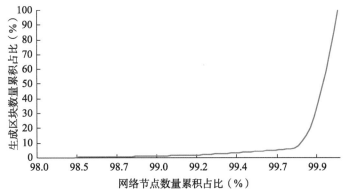

图 4-24 2021 年 7 月比特币网络节点数量占比（部分）

4.4 去中心化指数与其他参数关联分析

4.3 节主要分析了去中心化指数数值的变化趋势，去中心化指数数值能够体现每个时间段区块链网络的去中心化程度。在实际应用中，我们希望通过去中心化指数指导区块链网络的去中心化趋势监控，因此有必要研究区块链网络中哪些参数与去中心化指数有关联，从而通过调整这些关联参数达到调控区块链网络去中心化程度的目的。

本节首先分析区块链网络去中心化指数增长率的时间序列图，通过结合区块链产业时事热点政策分析区块链网络参数"异常点"，分析其对区块链网络去中心化程度的具体影响。其次，通过分别关联区块链网络去中心化指数与市场相关指标（数字货币价格、SOPR）、网络相关指标（算力、算力振幅、交易速率）来分析去中心化指数与其他指标之间的关系。最后，通过关联不同区块链网络之间的去中心化指数，对不同区块链网络之间的去中心化程度是否存在关联性进行深入分析。

4.4.1 去中心化指数增长率

通过计算区块链网络去中心化指数的增长率序列，我们可以更加直观地发现区块链网络去中心化程度的发展趋势，同时通过观测"异常点"，可以分析相关政策与举措对于去中心化程度的具体影响。我们以比特币和以太坊为例分别计算其去中心化指数的增长率序列。

我们以月为精度，去中心化指数的增长率求解公式为：

去中心化指数增长率 =（该月数值-上月数值）/上月数值

对于以太坊网络，我们先取 2018 年 2 月至 2021 年 6 月区间的相应数据，计算去中心化指数增长率，如图 4-25 所示。

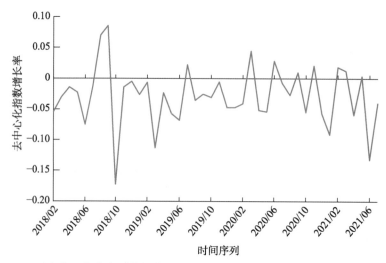

图 4-25　以太坊网络去中心化指数增长率序列（2018 年 2 月至 2021 年 6 月）

我们发现，去中心化指数的增长率大部分情况下为负数：一是因为区块链网络的去中心化程度不断降低，导致去中心化指数呈现负增长；二是随着参与节点数量的增多，每月生成的区块数量却并没有增加，从而导致去中心化指数不断下降。因此，我们可以适当削弱节点对于去中心化指数变化的影响，从而使得结果更加准确。

已知去中心化指数的原始计算公式为：

$$D = 2S_B$$

$$= \frac{0+x_1}{2nS} + \frac{x_1+x_1+x_2}{2nS} + \cdots + \frac{\sum_{i=1}^{k-1}x_i + \sum_{i=1}^{k}x_i}{2nS} \cdots + \frac{\sum_{i=1}^{n-1}x_i + \sum_{i=1}^{n}x_i}{2nS}$$

可以发现，去中心化指数与节点数呈反比关系。假设当前计算周期的去中心化指数为 D_1，下一计算周期的去中心化指数为 D_2，计算去中心化指数变化率的原始公式为：

$$R = \frac{D_2}{D_1}$$

进入到下一周期时，由于该区块链网络得到推广，可以预见区块链网络内的网络节点数必然有所增加，而周期内区块生成周期总数没有改变，导致的后果是去中心化指数必然降低。在研究去中心化指数的变化率时，这种降低将带来不可避免的误导和困扰。因此，必须尽可能地剔除节点数量增加对于去中心化指数的影响。假设当前计算周期的网络节点数量为 n_1，下一计算周期的网络节点数量为 n_2，我们将去中心化指数的变化率修改为：

$$R' = \frac{D_2}{D_1} \times \frac{n_2}{n_1}$$

可以尽量避免短时间内节点数量增加带来的影响。这样，去中心化指数的增长率变为：

$$\text{去中心化指数实际增长率} = \text{实际变化率} - 1 = R' - 1$$

我们选取以太坊内同时期的相应数据计算去中心化指数的增长率，如图 4-26 所示。

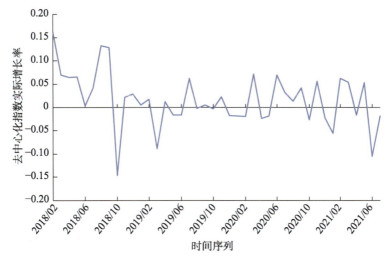

图 4-26　以太坊网络去中心化指数实际增长率序列（2018 年 2 月至 2021 年 6 月）

可以发现，调整后的增长率序列变得平稳，趋近于 0，体现了系统更好的平稳性。2018 年 10 月，去中心化指数值急剧下降，下降幅度达到 15.9%，而同年 8~9 月，去中心化指数值上涨幅度达到 12.2%和 13.8%。结合当时政策可以发现，该年 8 月份金融社会风险防控工作领导小组办公室发布通知，要求各商场、酒店、宾馆、写字楼等不得承办任何形式的虚拟货币推介宣讲等活动，同时以太坊价格暴跌，去中心化指数逐渐上涨。当 10 月份逐渐放缓回暖时，以太坊的去中心化又开始逐渐下降。

对于比特币网络，我们同样可以分别做出相应图表，如图 4-27 和图 4-28 所示。

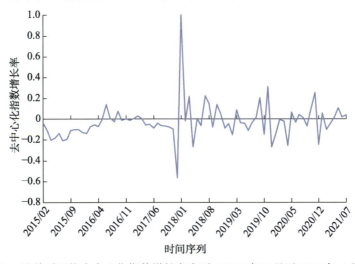

图 4-27　比特币网络去中心化指数增长率序列（2015 年 2 月至 2021 年 6 月）

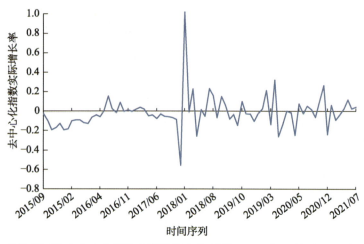

图 4-28 比特币网络去中心化指数实际增长率序列图（2015 年 2 月至 2021 年 2 月）

关于比特币网络和以太坊网络去中心化指数变化率更多的分析见 4.5 节。

4.4.2 去中心化指数与市场相关指标关联分析

在获取纯粹的链上相应指标后，我们同时需要与链下或者其他方面的相关指标进行关联分析。通过相应处理，观察不同指标之间是否存在相同或者相反的关联趋势，从而为后期的区块链网络相关参数的预测与调控提供相应参考。

首先，将价格与去中心化指数进行关联，分别得到比特币与以太坊的价格关联图，如图 4-29（2014 年 1 月至 2021 年 5 月）和图 4-30 所示（2018 年 1 月至 2021 年 5 月）。从图 4-29 和图 4-30 可以看出价格与去中心化指数之间呈现大致的反向关系。同时，我们可以关联其他指标参数考察其与去中心化指数之间的相关性，并依据结果制定方案调控区块链网络的去中心化程度。

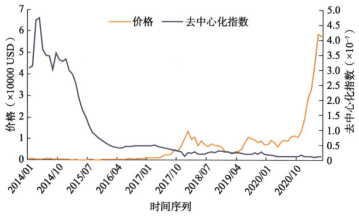

图 4-29 去中心化指数与价格关联图（比特币网络，2014 年 1 月至 2021 年 5 月）

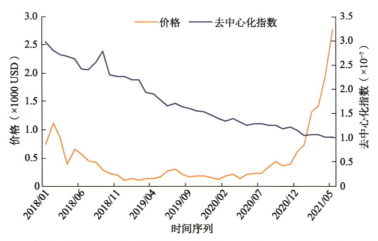

图 4-30　去中心化指数与价格关联图（以太坊，2018 年 1 月至 2021 年 5 月）

相对去中心化指数，由于价格波动一般较大，我们可以选取某时间段的价格与去中心化指数的关联图。例如，2020 年 6 月至 2021 年 4 月区间的以太坊网络去中心化指数与价格之间的变化关系如图 4-31 所示。

图 4-31　去中心化指数与价格关联图（以太坊，2020 年 6 月至 2021 年 4 月）

剔除相应的区块链"大事"所在时刻，区块链网络参数发展相对平稳，价格与去中心化指数呈现相对完整的变化关系，该时期以太坊表现为去中心化程度与价格呈反向关系。

在上述去中心化指数与数字货币价格之间的关联分析中不难发现，多数情况下，由于计量单位或者变化幅度的影响，指标之间的增减关系很难通过观察得出。如 2020 年后，以太坊的去中心化指数整体呈下降趋势，但其中仍然存在部分上升情况，但其上升情况很容易因为图示比例或整体基数过小而被忽略，此刻需要引入新的指标进行更清晰的展示。

因此,我们进一步引入变化率进行分析。在以月为精度的前提下,变化率公式为:

月指标变化率 = 该月指标数值/上月指标数值

以以太坊为例,可作以太坊网络去中心化指数与价格变化率关联图,如图 4-32 所示。

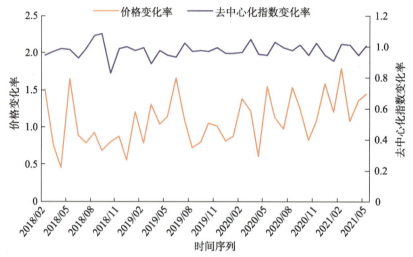

图 4-32　去中心化指数与价格变化率关联图(以太坊,2018 年 2 月至 2021 年 2 月)

可以看出,以太坊价格的变化率的波动较去中心化指数大,且大部分时间两个指标的变化率分别分布在 1.0 上下,即价格与去中心化指数基本呈现反方向变化。为了更加直观地展示该结果,引入增长率进行分析。对应的增长率公式为:

该月指标增长率 = (该月指标数值-上月指标数值)/上月指标数值

= 该月指标变化率-1

对应的去中心化指数与价格增长率关联图如图 4-33 所示。

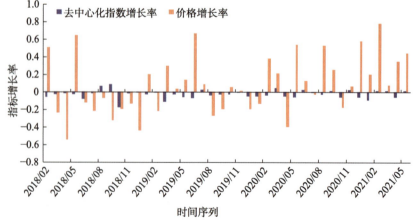

图 4-33　去中心化指数与价格增长率关联图(以太坊,2018 年 3 月至 2021 年 6 月)

可以发现，两个指标值的正负性一般相反，表明其价格与去中心化指数呈反方向发展，尤其当价格上升（下降）较大幅度时，其去中心化程度一定会有所下降（上升），且价格波动幅度越大，去中心化程度变化幅度也会相应变大。如 2018 年 8 月、9 月、12 月及 2020 年 3 月，这些月份以太坊的价格都产生了大幅度下降，且下降幅度一度超过 30%，恰恰在对应的月份，其去中心化指数呈现反常的上升。实际讨论中可以进一步分析是否存在价格大幅降低后，因部分矿池解散或减少矿力导致去中心化程度上升等具体情况，从而对区块链网络去中心化程度的调控提供实际指导意义。

同样，我们可以计算比特币网络去中心化指数与价格增长率关联图，如图 4-34 所示。

图 4-34　去中心化指数与价格增长率关联图（比特币，20185 年 1 月至 2021 年 1 月）

对于区块链网络而言，市场类指标除了数字货币的价格，还存在着一个重要的指标，即已花费的输出利润率（Spent Output Profit Ratio，SOPR）。其具体计算公式为：

$$SOPR = 已实现价值/输出的创造价值 = 出售的价格/购买的价格$$

对于数字货币持有者而言，数字货币的出售与购买是两个重要的心理转折点，引入振荡指标 SOPR 可以描述这两个重要的转折点。当 SOPR > 1 时，意味着已花费输出的所有者在交易时处于盈利状态；否则，他们卖出时就会亏损。我们可以分析 SOPR 与去中心化指数的变化关系，特别是分析 SOPR 的波动性与去中心化指数的变化关系。我们以月为时间精度，选取每月 SOPR 的最大值作为该月的 SOPR 值。我们获取比特币网络 2018 年 1 月至 2021 年 6 月区间内相关数据进行分析计算，如图 4-35 所示。虽然图中我们很难看出 SOPR 与去中心化指数的具体变化关系，但是不难发现，当每月 SOPR 最大值变化剧烈即急剧增长或急剧下跌后，去中心化指数都会产生下降。当 SOPR 最大值保持一定时间（2 个月即可）的小幅度变化后，去中心化指数反而会上升。我们可以将 SOPR

的增长率与去中心化指数值进行关联分析，如图 4-36 所示。

图 4-35　去中心化指数与 SOPR 值关联图（比特币，2018 年 1 月至 2021 年 5 月）

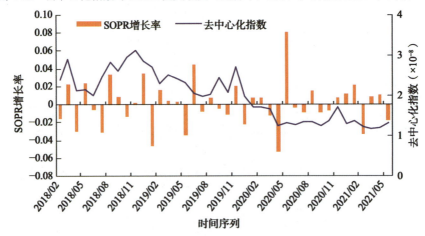

图 4-36　去中心化指数与 SOPR 增长率关联图（比特币，2018 年 1 月至 2021 年 5 月）

我们能够从图 4-36 中更明显地观察出相应结论，如 2018 年 7~11 月，SOPR 增长率绝对值一直较低，去中心化指数也在不断提升。当 2018 年 12 月 SOPR 增长率绝对值急剧增加后，去中心化指数开始迅速下降。到 2019 年 2 月 SOPR 值平稳后，去中心化指数开始提升。

在实际讨论中可以进一步分析是否在 SOPR 值剧烈波动后，因为区块链网络用户（数字货币持有者）的信心有所下降，更多用户对是否进入网络持观望态度，使得大型矿池所占全网矿力的比重有所提高。当 SOPR 值趋于平稳时，使用者对该区块链的信心有所增加，从而吸引更多的小型矿池或小型节点加入网络，区块链网络的去中心化程度得到提升。

4.4.3 去中心化指数与网络相关指标关联分析

除了区块链原生数字货币价格相关的指标，我们同样可以关联其他网络因素进行分析。对于比特币与以太坊，我们可以分析其各自去中心化指数与算力（每月的全网平均算力）之间的关系，得到关联图，如图 4-37 和图 4-38 所示。

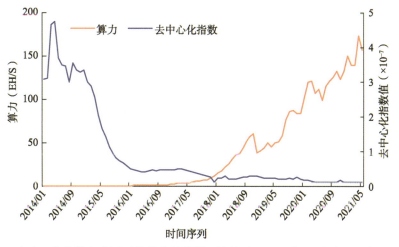

图 4-37　去中心化指数与全网平均算力关联图（比特币，2014 年 1 月至 2021 年 5 月）

图 4-38　去中心化指数与全网平均算力关联图（以太坊，2018 年 1 月至 2021 年 5 月）

同时，由于算力波动幅度相对去中心化指数值较大，以以太坊为例，我们取算力的自然对数作图，如图 4-39 所示。

可以看出，以太坊网络算力与去中心化指数值呈现大致反方向变化关系，即算力在 2019 年后开始稳步增长，而去中心化指数开始持续下降。

图 4-39　去中心化指数与算力自然对数值关联图（以太坊，2018 年 1 月至 2021 年 5 月）

为进一步分析去中心化指数与全网算力之间的关系，可以通过计算得到去中心化指数变化率与全网算力变化率的组合折线图，如图 4-40 所示。

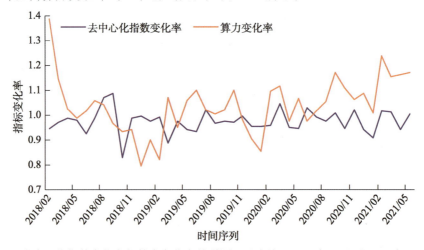

图 4-40　去中心化指数变化率与算力变化率关联图（以太坊，2018 年 2 月至 2021 年 5 月）

与价格变化关联图类似，去中心化指数与算力变化趋势并非永远呈现一致性。进一步，我们可以先计算相应波动的增长率（原有变化率-1），再计算两个关联指标值的增长率之比，即算力增长率与去中心化指数增长率的比值（由于算力变化的幅度一般比去中心化指数大），如图 4-41 所示。

在图 4-41 中，灰色部分为增长率的比值。当增长率之比大于 0 时，说明算力与去中心化指数同时增减，反之则一增一减。可以发现，大部分时间点的增长率之比都在 1.0 上下小幅度波动，但是在某些时刻如 2018 年 11 月、2019 年 2 月及 8 月，增长率之间的比值非常突出，可结合相应时事热点进行具体分析。同时，我们可以选择以去中心化指数增长率与算力增长率的比值来进行分析，并结合两种比值进行深度分析。

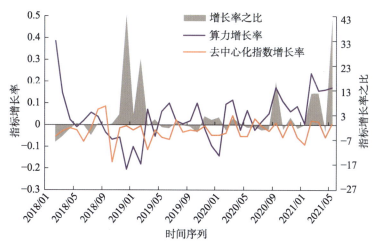

图 4-41 去中心化指数增长率、算力增长率与相应比值关联图（以太坊，2018 年 1 月至 2021 年 5 月）

在全网算力稳步增长时，一般会伴随不同程度的算力波动。这些波动与区块链自身的稳定性相关，能够反映区块链网络自身的安全性与稳定性，与去中心化指数的意义一致。我们将算力振幅（波动）情况与去中心化指数进行关联分析。为统一标准，我们假设算力振幅以月为时间精度，振幅定义公式为：

当月振幅 = 当月算力波动

= (当月算力最大值-当月算力最小值)/当月全网平均算力

以以太坊为例，选取 2018 年 1 月至 2021 年 5 月区间内相关数据，计算各月振幅，得到去中心化指数与全网算力振幅的关联图，如图 4-42 所示。

图 4-42 去中心化指数与全网算力振幅关联图（以太坊，2018 年 1 月至 2021 年 5 月）

为进一步分析去中心化指数与算力波动之间的关系,可以计算去中心化指数增长率与算力振幅增长率关联图,如图 4-43 所示。

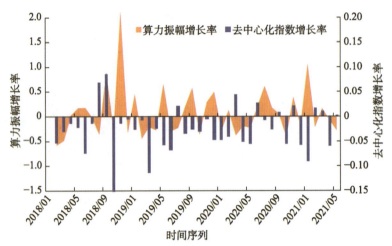

图 4-43 去中心化指数增长率与算力振幅增长率关联图(以太坊,2018 年 1 月至 2021 年 5 月)

除了算力,我们还将去中心化指数与区块链网络的实用性——交易速率(每秒交易量)进行关联分析,如图 4-44 和图 4-45 所示。

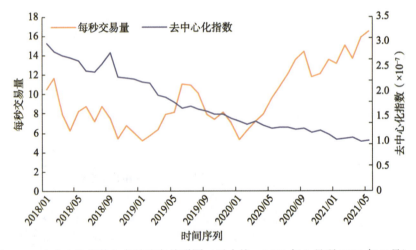

图 4-44 去中心化指数与交易速率关联图(以太坊,2018 年 1 月至 2021 年 5 月)

进一步,我们计算比特币与以太坊网络中去中心化指数与交易速率的增长率,得到两个指标的增长率关联图,如图 4-46 和图 4-47 所示。

可以发现,当以太坊交易速率的增长率为负时,即每秒交易量下降时,去中心化指数大多数时间也会下降。该现象在 2019 年后尤为明显,说明以太坊作为区块链网络,其去中心化程度与使用程度相关,即以太坊在实际使用中有较好的实用性。在实际操作中,可以通过去中心化指数与交易速率的相关性来判断网络自身的实用性，并在必要时提高区块链网络的去中心化程度。

图 4-45　去中心化指数与交易速率关联图（比特币，2017 年 1 月至 2021 年 5 月）

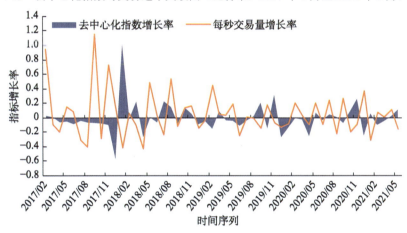

图 4-46　去中心化指数增长率与交易速率增长率关联图（比特币，2017 年 2 月至 2021 年 5 月）

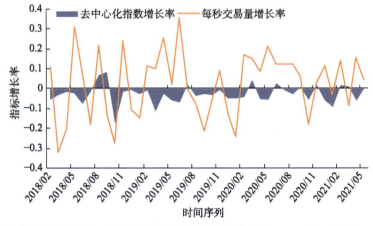

图 4-47　去中心化指数增长率与交易速率增长率关联图（以太坊，2018 年 2 月至 2021 年 5 月）

4.4.4　不同区块链网络的去中心化指数关联度分析

在进行关联分析时，除了对某一区块链网络自身的相应指标与去中心化指数进行关联分析，我们同样可以对不同区块链网络的去中心化指数进行联合分析，剖析不同区块链网络之间去中心化程度的相关性。

作为实证分析的例子，我们将比特币与以太坊的去中心化指数进行相关分析。首先，按照时间次序以月为精度，以 2018 年 1 月至 2021 年 7 月区间内比特币的去中心化指数为横坐标，以太坊的去中心化指数为对应的纵坐标，得到散点图，如图 4-48 所示。

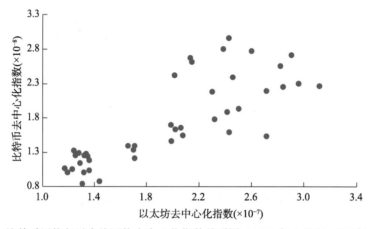

图 4-48　比特币网络与以太坊网络去中心化指数关联图（2018 年 1 月至 2021 年 7 月）

在实际处理过程中会发现，某些位置存在"点聚集"现象，分布呈现一定的"右偏分布"。通过对相应的去中心化指数值进行对数处理修正数据的右偏形态，得到相应散点图，如图 4-49 所示。

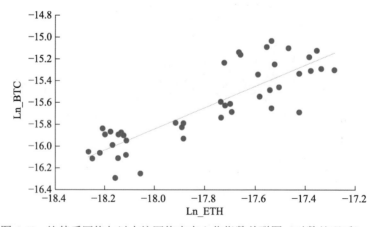

图 4-49　比特币网络与以太坊网络去中心化指数关联图（对数处理后）

在对数据进行对数处理后，可以发现比特币与以太坊之间的去中心化指数呈现非常明显的线性趋势（虚线为趋势线）。

我们也可以通过统计学方法来计算不同区块链网络去中心化指数之间的相关系数及 R^2 值来确认具体相关性。以以太坊与比特币为例，可以计算得出表 4-3。

表 4-3 线性回归分析结果（n = 43）

	非标准化系数		标准化系数	t	VIF	R^2	调整 R^2	F
	B	标准误差	Beta					
常数	1.688	1.756	/	0.961	/	0.703	0.696	$F(1, 41)$=97.224 p=0.000
Ln_BTC	0.974	0.099	0.839	9.86	1			

因变量：Ln_ETH　　D-W 值：0.566

由表 4-3 可知，将 Ln_BTC 作为自变量，Ln_ETH 作为因变量进行线性回归分析，可以求得模型 R^2 值为 0.703，意味着 Ln_BTC 可以解释 Ln_ETH 的 70.3%变化原因。对模型进行 F 检验时发现，模型通过了 F 检验（F=97.224，p=0.000<0.05），即说明 Ln_BTC 一定会对 Ln_ETH 产生影响关系。

最终可以通过相关分析求得其 Pearson 相关系数为 0.839，回归系数值为 0.974，意味着 Ln_BTC 会对 Ln_ETH 产生显著的正向影响关系，用公式可总结为：

$$Ln\_ETH = 1.688 + 0.974 \times Ln\_BTC$$

我们可以得出不同区块链网络之间去中心化程度发展的相应关系，从而为区块链网络自身去中心化的调控提供参考依据。

4.5　实证结果分析

4.5.1　去中心化程度

结合 4.1 节数据进行分析，可以发现，无论是比特币、以太坊、莱特币还是 EOS，它们的去中心化指数非常低，均小于百万分之一，表明当前主要区块链网络的去中性化程度都很低，说明当前情况下区块链系统仍然不属于去中心化网络应用。

表 4-4 去中心化程度界定表

去中心化指数	去中心化程度
≥0.8	完全去中心化
0.7~0.8	去中心化程度较高
0.6~0.7	去中心化程度中等
0.5~0.6	去中心化程度较低
≤0.5	中心化

根据去中心化指数的计算结果，一方面，我们可以比较各区块链网络的去中心化指数高低，定量判断不同区块链网络的去中心化程度。去中心化指数值越大，则去中心化程度越高，一定程度上说明该区块链网络越安全。另一方面，我们可以通过去中心化指数的相应数值范围来界定区块链网络自身的去中心化程度，如表 4-4 所示。

可以发现，上面计算的四个区块链网络在绝大部分时期的去中心化指数均低于 0.5。即使以狭义去中心化指数论，即只考虑持币网络节点地址的情况下，该值仍然低于 0.5。分析结果表明，虽然大部分区块链网络在共识机制上鼓励去中心化，但是在实际运行过程中，区块链网络内仍然呈现非常高的中心化现象，并没有起到去中心化的安全保障作用。

4.5.2 去中心化趋势

4.3 节讨论并刻画了比特币与以太坊网络去中心化指数的历史变化情况。在比特币去中心化指数序列图中可以发现，2012 年后，比特币网络的去中心化指数一直处于十万分之一以下，2014 年后更是一直保持在千万分之一以下且持续下降。可见，比特币去中心化程度一直呈下降趋势，计算中心化问题已成事实，大部分记账权由几十个甚至几个大型矿池所控制，标榜"去中心化"的共识机制（PoW、PoS、DPoS）完全没有发挥去中心化作用。同样，纵观以太坊的去中心化指数可以看到，2018 年以来，以太坊的去中心化指数一直保持在千万分之五以下，而且近几个月已经下降到千万分之一以下，区块链网络去中心化形势非常不容乐观。

同时，我们考虑某些区块链网络由于自身共识机制的原因，可能存在选定时间内出块过少使去中心化指数无法提高的情况，设立了专门用于区块链网络内部人员参考的链内去中心化指数，并对 2009 年至 2021 年的比特币网络链内去中心化指数进行了计算。结果表明，2013 年后，比特币网络的链内去中心化指数仍然处于 0.004 以下，远远小于 0.5。该结果表明，比特币网络去中心化程度低不仅是共识机制本身的原因，更是资本追逐利润导致算力军备竞赛，进而造成矿力过于集中的原因。

4.5.3 去中心化指数关联分析

我们分别将区块链去中心化指数与市场相关指标（数字货币价格、SOPR）、网络相关指标（算力、算力振幅、交易速率）以及其他区块链之间的去中心化指数进行关联，分析去中心化指数与其他指标之间的相关性。在具体分析过程中我们发现，其中存在着一些明显的相关性。

如对以太坊的去中心化指数与价格增长率进行关联分析时，价格增长率与去中心化指数增长多数情况下呈异号状态，可以表明价格对去中心化指数具有反向影响作用。特别需要注意的是，当价格上升（下降）较大幅度时，其去中心化程度一定会有所下降（上升），且价格波动幅度越大，去中心化程度变化幅度也会相应变大。如 2018 年 8 月、9 月、12 月及 2020 年 3 月，这些月份以太坊的价格都产生了大幅度下降，且下降幅度一度超过 30%，恰恰在对应月份内，其去中心化指数呈现反常的上升趋势。同时，在 2020 年 2 月与 8 月、2021 年 1 月等时间点，以太坊的价格都产生了剧烈上升，且涨幅均超过 50%，恰恰在对应的月份内，其去中心化指数均出现较大幅度的下降趋势。在实际操作过程中，可以考虑使用这一特性，通过适当降低数字货币价格来促使去中心化程度上升等具体措施，验证价格对于去中心化程度的反向调控作用。

对于市场类指标，我们还引入了一个新的振荡指标 SOPR，来描述显著改变加密数字货币供应的两个重要的心理转折点。在 SOPR 与去中心化指数的关联分析中，当 SOPR 值出现剧烈变化后，去中心化指数都会产生下降；当 SOPR 值保持一定时间的小幅度变化后，去中心化指数反而会上升。在图 4-36 中，2018 年 7~11 月内，SOPR 值增长率绝对值一直较低，去中心化指数也在不断提升；而当 2018 年 12 月 SOPR 值增长率绝对值急剧增加后，去中心化指数开始迅速下降；至 2019 年 2~3 月 SOPR 值平稳后，去中心化指数开始提升，随后同年 4~6 月 SOPR 值增长率绝对值急剧增加，该时段的去中心化指数开始下降。由于 SOPR 能够反映数字货币持有者对于所持货币的信心，则在实际操作过程中，可以考虑利用这一相关特性，通过提高区块链网络价值的稳定性，吸引更多小型矿池或小型节点进行合作生成区块，促使区块链去中心化程度提升。

在网络类指标的关联分析过程中，在某些区块链产业政策节点或大变动时，网络中的算力与交易速率也会发生大幅度的变动；同时，区块链网络的去中心化指数并不与全网算力同步提升，常见的现象是随着全网算力的增长，其去中心化指数反而逐步下降。这表明，实证分析中的区块链网络并未实现去中心化，也并未以去中心化为目标，而是将大量算力用于竞争区块记账权并获得奖励。在实际操作过程中，一方面可以通过相应的差异值来预测区块链网络内部可能发生的巨大变化，具体关键大事节点将在下一节中举例分析。另一方面，可以通过适当引导并设立相应激励机制，促使全网矿力的增长来自不断增长的用户数量。

在关联分析中，我们还对不同数字货币的去中心化指数之间的相关性进行了探讨。在对比特币与以太坊的去中心化指数之间的相关性进行分析时，我们发现，比特币与以太坊的去中心化指数存在着极强的线性相关性。在进行对数处理消除右偏后，两者之间的 Pearson 相关系数达到了 0.839，线性模型 R^2 值为 0.703，意味着两者去中心化程度关系的可解释性与可预测性极大。在实际操作过程中，可以尝试以某一区块链网络为基准，与其他区块链网络的去中心化指数进行关联分析，可以更有效地对区块链网络的去中心化程度进行在线调控。

4.5.4 关键时间节点去中心化指数分析

比特币作为区块链技术应用的鼻祖，同时稳占数字货币领域市容量首位，其关注度与对市场波动的影响也是最大的。根据图 4-26 与图 4-28 的对比分析，即使是与市容量排名第二的以太坊相比，比特币去中心化指数的变化幅度与变化频率也远大于以太坊。我们就比特币在关键时间节点的去中心化指数的变化情况进行具体分析，分析过程将分别针对收益减半节点、分叉时间节点与国家大型政策节点三方面来进行分析探讨。通过图 4-16、图 4-28 与图 4-29，对比特币网络的去中心化指数在特殊时间节点的变化情况进行分析，分析结果同样适用于莱特币与以太坊网络。

首先是收益减半节点。在图 4-28 中，出于实际效果原因，我们主要选取了 2015 年 2 月至 2021 年 7 月区间的相关数据，在对应时间内，比特币的收益减半节点分别为 2016 年 7 月、2020 年 5 月。在 2016 年收益减半时间节点附近，比特币去中心化指数都在上升；而在 2020 年 5 月前后，比特币去中心化指数情况与 2016 年类似，去中心化指数一直在上升。通过图 4-28 可以发现，在收益减半节点后，去中心化指数的增长率均线性下降些许，随后上升，再继续下跌。说明区块奖励减半时，去中心化程度会上升，但是其上升作用的时间一般只能持续数月。

其次是分叉时间节点。比特币经历的分叉较多，尤其各类山寨型数字货币在比特币发展的前期非常盛行。我们主要引入几个比较重大的分义，来分析分叉前后比特币去中心化指数的变化情况。比较重要的分叉分别为：① 2017 年 8 月，BCH；② 2017 年 10 月，BTG；③ 2017 年 11 月，B2X；④ 2017 年 12 月，BCD & SBTC & BCHC；⑤ 2018 年 1 月，BSV。通过观察发现，2017 年 8 月至 2018 年 1 月之间，比特币网络的去中心化指数一直处于下降状态，去中心化程度逐步降低。可见，分叉并未对比特币网络的去中心化程度的提升带来益处。

最后，区块链产业政策与变革的影响可总结为表 4-5。

表 4-5 区块链大事记

分类	时间	事件	导向	备注
政策导向	2016 年 5 月	日本首次批准数字货币监管法案，比特币被定义为资产	正向	
	2017 年 4 月	日本正式宣布比特币合法化	正向	
	2017 年 9 月	中国人民银行等七部委发布《关于防范代币发行融资风险的公告》，明确 ICO 属于非法	正向	
	2018 年 3 月	央行行长透露正在研发的数字货币 DCEP	正向	当月去中心化指数暴增
	2018 年 4~6 月	多国提出对加密数字货币进行监管	正向	去中心化指数持续下降
	2018 年 8 月	银保监会等五部委发布《关于防范以"虚拟货币""区块链"名义进行非法集资的风险提示》	正向	
	2019 年 6 月	四川对比特币矿场违建进行整治	正向	
	2019 年 10 月	中共中央提出把区块链作为核心技术自主创新的重要突破口	正向	
	2020 年 4 月	央行数字货币 DCEP 在苏州相城区试点	正向	
	2020 年 12 月	美国国会推出了《稳定币法案》，对区块链技术提出质疑	负向	
	2021 年 4 月	"十四五"能耗双控目标措施征求意见稿中，提及清理关停虚拟货币挖矿项目	遏制能源浪费现象	去中心指数持续上升
	2021 年 5~6 月	各省相继出台禁止挖矿政策		
链内危机	2016 年 6 月	以太坊发生 DAO 攻击事件	安全存疑	持续到 2016 年 10 月，去中心化指数上升
	2016 年 8 月	Bitfinex 的 119756 枚比特币被盗	安全存疑	
	2018 年 6 月	韩国交易所 coinbail 等被盗	安全存疑	
	2019 年 5 月	币安 7000 枚比特币被盗	安全存疑	

为方便进一步分析，我们将这部分主要分为两个系列影响因素：① 国家大型政策指导，即支持或反对；② 区块链世界安全态势，即大型安全事件的发生。

结合表 4-5 和图 4-28，我们不难发现，在指导政策"清理关停虚拟货币挖矿项目"实施后，比特币网络去中心化指数增长率一直为正，且为 3%～13%。这说明该指导政策在降低能耗的同时，也剔除了一部分大型矿池，从而使得比特币网络去中心化指数持续上升，网络去中心化程度与安全性因而有所提升且保持稳定。

第 5 章

去中心化指数的价值和意义

5.1 区块链去中心化指数的价值

去中心化指数基于分配不平等程度的基尼系数计算方法，是一种针对区块链经济体中控制原生代币在各节点之间发行概率的共识机制的公平性和节点持有实际数字资产的均匀性的一种定量评估指数。因此，去中心化指数是一种评估区块链经济体公平性的客观指数，符合罗尔斯的正义原则及其带有平均主义倾向的人类社会发展理念。

当前比特币、以太坊、莱特币与 EOS 等区块链及其数字代币的去中心化指数值均低于十万分之一，而联盟链的去中心化指数更低，表明当前区块链去中心化程度极低，存在极高的技术安全风险和金融投机风险，严重威胁到区块链网络的安全性与数字金融的稳定性，不能代表未来区块链经济与数字货币发展的正确方向。首先，这使 51% 的区块链分叉攻击成为一个现实的安全问题；其次，去中心化程度极低的区块链，会造成数字资产持有的极化分布状态，直接导致数字资产金融市场的极度投机性，并进一步影响传统金融的稳定性。因此，当前区块链网络亟待共识机制体系升级。

去中心化指数值越高，区块链网络就越安全，共识经济也就越公平。共识经济越公平，共识价值就越高，数字资产的流通范围就越广泛，区块链的金融普惠性也就越好。去中心化指数与区块链的网络指标、市场指标和其他区块链网络去中心化指数具有很强的相关性，因此去中心化指数具有现实的应用价值，对区块链行业的政府监管、企业投资、共识机制设计、市场选择等方面都具有指导意义。

去中心化指数对区块链网络的平稳安全运行具有重要的监控与指导价值。去中心化指数是一个反映区块链网络主要技术特征的参考指标，因此，在区块链网络的实际运行过程中，我们应该对区块链网络的去中心化指数进行实时监控。如果发现去中心化指数较小，就应该采用有效提高全网节点参与共识记账投票的积极性的激励方式，有针对性地指导矿力分布调整，降低区块链网络的中心化程度。

去中心化指数具有重要的网络安全价值。去中心化指数可以客观地评估包括联盟链在内的所有区块链网络的去中心化程度，实现区块链网络的安全性与公平性的定量评估，去中心化指数将成为评估区块链网络安全性与公平性的基础指标。去中心化指数直观反映所有节点参与分布式记账机会的均匀性，为区块链网络内的数据可信任度提供量化的参考标准。去中心化指数通过记账机会的均匀性计算对区块链网络进行公平性与安全性评估，为指导区块链技术与数字货币领域的投资与创新提供可靠的安全参考评估体系。

去中心化指数具有重要的数字经济价值。通过计算去中心化指数，我们可以识别真假区块链，引导区块链经济健康发展，发展真正去中心化、安全、公平而高效的区块链经济，淘汰当前市场上具有极高安全风险的区块链网络和数字货币。通过研究去中心化指数与区块链经济模型、激励机制、数字货币价格以及算力波动之间的关系，指导公平而高效的区块链经济模型设计与实践。通过提供可靠的区块链网络评估指标，可以让数字资产从危险、劣质、耗能、伪去中心化的区块链，尽快转移到安全、公平、节能、真正去中心化的区块链网络，使具有去中心化特征的分布式数字经济真正落到实处并普惠大众。

去中心化指数具有重要的学术研究价值。去中心化指数可以促进经济学理论与区块链技术的交叉融合，一方面将基于公平与效率平衡发展的幸福观念与基于共识精神的人类道德规范纳入区块链经济学的研究范畴，发展区块链共识经济学，发展区块链网络理性社群经济学中的博弈论原理，促进数字经济学的多元发展；另一方面，可以为区块链技术的发展提供有效的理论框架，推动区块链科学的合理有序发展。

5.2 定期发布区块链网络去中心化指数

通过定期或在线实时公布所有区块链网络及其数字代币的去中心化指数，可以指导区块链技术和数字货币领域的投资与创新创业。区块链网络技术经过十几年的发展，已经形成了区块链产业生态与各种社区文化，按照不同的分类方法，我们可以将区块链行业分为公有链、联盟链与私有链等三个不同的技术范畴；按照产业的相关性，我们可以分为链圈、币圈和矿圈三个产业圈；按照区块链网络在数字资产与分布式治理领域的创新历程，可以分为数字加密货币、分布式金融（DeFi）、非同质通证（NFT）、去中心化自治组织（DAO）和元宇宙（Metaverse）；按照区块链产业应用开发历程，可以分为金融科技与监管、供应链金融、保险与风险管理、社交、政务、公检法、存证确权、智慧城市、数据征信、慈善与扶贫、医疗卫生保健、防伪与溯源以及游戏等去中心化创新应用。此外，我们还可以按照区块链网络所采用的共识机制与协议、区块链网络体系结构、分片与分层技术、异构跨链与异步并发记账等基本技术范式，对不同的区块链网络系统、技术与开发团队进行分类。

任何一个面向应用的区块链网络，无论按照哪种区块链分类方式，都必须首先定义和度量其去中心化程度，只有具有足够去中心化程度的网络，其他网络指标（如可扩展性、TPS、安全性等）才具有实际意义。因此，对于国际上已经存在的数以万计的公有链，国内市场上存在的多如牛毛的联盟链，以及各种企业私有链，必须设计一种科学、客观、定量的去中心化程度的计算与评估标准。区块链网络去中心化指数就是这样一种计算与评估标准，根据区块链网络公开的分布式账本，可以为每条区块链计算任何时间区间内的去中心化指数值。政府监管与行业执法部门，可以根据区块链去中心化指数对市场上的真假区块链网络进行鉴别，让假区块链项目显露原形，对那些中心化的区块链网络提出整改意见，维护区块链产业市场竞争的公正性与公开性，从而让那些真正去中心化、技术含量高、安全节能、应用价值大的区块链网络能够获得国家与社会资金的资助。同时，对于一个正在开发的区块链网络项目，也可以根据去中心化指数的计算标准评估其共识机制的公平性与安全性，指导并促进区块链网络共识机制的研究与体系结构的优化设计。因此，通过定期计算并公布现有可公开获得分布式账本的区块链网络的去中心化指数，我们可以为政府监管、企业投资、共识机制设计、市场选择提供必要的、客观的基础性技术评估数据，减少区块链产业发展过程中政府、行业、投资界、以及市场对区块链项目评价与选择的盲目性。

去中心化指数计算的数据来源主要根据公开的区块链网络分布式账本。因此，为了实时计算所有国际公有链的去中心化指数值，我们可以为所有上线的区块链网络建立一个属于去中心化指数计算平台网站的自由全节点，这个全节点只提供验证服务而不参与区块链挖矿或投票。这样，去中心化指数计算网站可以在线实时计算任一区块链网络任何时间区间内的去中心化指数值，同时，我们可以根据区块链网络去中心化指数与数字资产市场和网络指标之间的相关性，分析数字资产市场的发展趋势，监控区块链网络的去中心化程度。如果去中心化指数较小，就应该调整矿力分布。通过采用有效激励全网节点参与共识记账投票的积极性，去中心化指数可以有针对性地指导区块链网络，降低中心化程度。

5.3 去中心化指数引导区块链经济健康发展

由于区块链产业政策的不一致，各国发展区块链技术及其产业的路线出现较大分歧。我国政策完全导向联盟链技术，2021年国家"十四五"规划强调以联盟链为区块链产业发展的重点方向，对加密数字货币行业则实行严厉监管，主张发展区块链服务平台和金融科技、供应链管理、政务服务等领域的应用方案，完善监管机制。国外主要以公有链技术研究和区块链生态社区建设为主，强调去中心化主链与平行工作链（侧链）之间的分工与合作技术研究，重点解决异构多链网络的高效分片共识体系与跨链最终原子性协议，如 Polkadot 与 COSMOS，而 IBM 超级账本等联盟链与 EOS 等中心化伪链已经式微。当前，区块链网络存在去中心化、可扩展性与安全性的不可能三角瓶颈问题，国际公有链数以万计，国内联盟链则多如牛毛。如何客观定量评估现有区块链的性能与优劣，如何从区块链的本质特征出发，定量比较公有链与联盟链的去中心化程度，实现有效的政府监管与正确的市场指导，是区块链产业发展过程中亟待解决的理论与标准问题。

数字经济的发展方向是去中心化，去中心化网络中不允许存在中心化或第三方的权威信任，匿名的点到点之间的直接信任源自各方遵守的共识机制。网络去中心化需要共识，共识产生去中心化，因此去中心化是共识的代名词，去中心化指数就是共识指数。

1. 建立科学、定量、客观的综合性评估指标

通过建立科学、定量、客观的综合性评估指标，引导区块链经济健康发展，发展真正去中心化的、公平而高效的区块链经济，淘汰当前市场上具有极高安全风险的区块链和数字货币。

区块链网络通过自由与平等的经济激励机制，允许人们可以自由加入和退出共识经济体，不需任何注册身份许可，只要具有互联网络的接入能力，就能享受去中心化的普惠金融服务。

传统产业金融资本通过兼并与收购对行业形成垄断地位，而数字金融资本通过引进传统产业金融资本，依靠互联网信息平台形成数字鸿沟，加剧了金融资本的垄断地位与趋势，产生了科技与金融相结合的科技金融联盟。数字科技金融的垄断，使市场中出现的创新技术和商业模式要么胎死腹中，要么被头部平台企业收购，严重阻碍了数字科技的进步和数字经济的创新步伐。即使像 Uber 与 Airbnb 等大型共享经济平台，也是通过资源信息垄断为平台的金融资本谋利的工具。

当前加密经济所依赖的区块链技术还不够完善，共识机制不够公平导致事实上的计算中心化，网络可扩展性还不能满足实际需求，安全性也不足以实现匿名资产托管。在传统财富向去中心化加密资产的转移过程中，由于区块链网络的去中心化程度很低，传统财富可以通过区块链矿池垄断实现到加密资产的第一次映射，通过加密资产交易所垄断可以完成传统财富到加密资产的第二次映射。传统垄断金融资本通过对加密资产实现二次财富映射之后，形成了加密资产当下的极化分布状态，加密资产持有分配差距甚至严重超过传统财富分配差距。

通过区块链网络的去中心化指数评估与监控，我们可以识别并从加密经济生态中清除那些可以形成垄断矿池的区块链网络及其共识机制，阻断它们通过矿池垄断实现传统

财富到加密资产的第一次映射；通过加密资产交易所网络的去中心化指数评估和监控，可以识别并清除那些对加密资产交易和行情具有事实操控能力的加密资产交易所，阻断通过垄断加密资产交易所实现传统财富到加密资产的第二次映射。

去中心化指数评估与监控可以促进加密经济的健康发展。随着人们持有加密数字资产和数字化资产的不断增长和丰富，无数的分布式私有资产通过点到点的匿名信任与智能合约进行自由组合，形成大大小小的分布式经济体，可以实现分布式资本的全球最优组合效率，同时消除传统金融资本的垄断地位，最终促进分布式金融的普惠性。

2．实时评估和监控区块链网络的去中心化指数

通过对区块链网络的去中心化指数进行实时评估与监控，有利于发展一种去中心化的分布式资本主义共享经济，这种分布式共享经济就是共识经济。

历史上的农奴制出现在古代奴隶生产方式中，资本主义出现在封建统治结构中。不可避免的资本主义危机为生产范式转变创造了客观条件，众创生产也是在资本主义内部产生并获得发展，并有可能形成新生产方式的种子，进而成为新型政治经济的主导逻辑，导致潜在的制度转型。越来越多的公司开始意识到，创新和创造力的重心正在从封闭的企业转移到分布式众创网络，企业必须调整他们的工作方式。在过去二十多年中，这种适应策略被理论化为各种所谓的"众包""开放商业"和"开放创新"模式发展的动力，其目的是（在不同程度上）让在线用户社区参与生产过程。

众创生产和认知资本家是两种截然相反的模式。认知资本主义利用限制性知识产权，人为地造成无形资源的稀缺。认知资本主义受到全球盗版或山寨经济的威胁，最终将被资本主义剥削的新形式所取代。不像认知资本家那样靠知识资产为生，平台经济通过控制数字平台将自己置于关键节点，将自己定位为自愿中心，这种新模式创造和获取价值的方式与认知资本主义的经典模式截然不同。在所谓的"共享经济"中，存在通过私有平台进行的分布式市场（P2P）交换，其所有者从交换中收取费用。因此，共享经济是"平台资本主义"的一种委婉说法。

正如传统资本家剥削并从工人的劳动中获利一样，平台所有者也剥削并从用户的贡献和非物质劳动中获利，这个模型实际上代表了资本主义最发达的形式。平台经济的问题是，拥有这些平台的无政府资本家垄断了管理权和价值分配手段，他们不与用户分享利润，用户也不参与平台的管理过程。共享经济实质上构成了一个剥削与对抗的关系，拥有平台的无政府资本家与众多用户和不稳定的零工之间形成利益对立，平台资本家具有寄生性。

平台资本主义并不是分布式网络时代认知资本演化的唯一轨迹。真正的共享经济必须

沿着P2P路线组织起来，通过用户集体拥有和管理平台，阻止无政府资本家侵占用户通过平台实现的大部分价值。随着经济模式的转型，出现了一个众创型新社会，社会财产公有，同时没有资本主义固有的异化、剥削和胁迫。通过发展面向公共领域的开放合作社，众创生产模式可以从资本主义主导体系的束缚中解放，成为一个能够对抗资本的价值创造自治体系。非市场化和彻底去中心化的众创生产模式将成为最发达经济体的核心生产方式。

与平台资本主义一样，分布式资本主义主要利用P2P基础设施，可以被视为一种适应分布式网络社会的策略。分布式资本主义没有对底层技术基础设施的集中控制，比特币网络是分布式资本主义的典型例子。比特币体现了一种无国籍的自由资本主义价值观和原则，即人人都可以参与交易和交换，或者每个人都可以成为独立的资本家。比特币这种分布式项目将社会看成是相互交易的自主个体的总和，旨在实现对大企业和国家的个体自治，但这些愿景中没有真实的社会和集体，模型中也没有任何能够防止冲突、不平等和寡头政治产生的对策。技术不是中立的，而是反映了创造者的价值观和战略议程，比特币也不例外。随着比特币矿池军备竞赛，比特币网络很快由少数矿池形成矿力垄断，比特币由去中心化的数字货币原型系统发展成为现在一种受到大众反对的数字金融资本模式。

分布式资本主义是一种去中心化的共识经济，共识经济是新型数字经济的基础。共识经济具有自由加入与退出机制，人人具有分布式账本的记账权与追溯权，没有拥有特别权利的超级节点，整个网络是去中心化的，网络安全由所有共识经济的参与者共同维护，共识经济体的治理权源于"多数公决原则"。因此，共识经济是一种公平的数字经济模式。通过对区块链网络的去中心化指数进行实时评估与监控，确保共识机制具有足够的去中心化程度，就不可能形成网络决策权力的独裁和网络价值的垄断，普惠金融的理想就一定能够实现。

3．制定正确的技术监管政策与区块链资本投资导向政策

引进区块链去中心化指数，通过制定正确的技术监管政策与区块链资本投资导向政策，鼓励传统中心化的数字经济平台向去中心化的共识网络经济转变，鼓励中心化的伪区块链网络经济向真正去中心化的、公平而高效的区块链网络经济发展。对区块链技术创新项目实行技术监管与投资导向政策可以规范并促进相关技术的有序发展，同时对整个区块链行业起到一个驱邪扶正的作用。

技术是中性的，但人类对技术的使用目的不是中性的，正如武器的发明，好人用来保护自己，恶人用来杀人越货。区块链网络以去中心化为特征，可以通过共识协议和激励机制设计形成对等网络协作机制，实现自治的社会组织制度设计，是一种具有颠覆商

业协作与社会治理模式的下一代互联网络底层技术。区块链网络作为一种可以设计的经济系统，特别是可以用来开展激进的金融科技创新，既可以用来进行金融诈骗和违法交易犯罪，也可以用来促进数据共享、优化业务流程、降低运营成本、提升协同效率、建设可信体系，因此，区块链行业创新项目应该从源头开始进行技术监管。

一方面，对于应接不暇的区块链创新项目，社会相关监管机构从一开始就要树立一种科学的精神，以专业的态度与严谨的作风对每一个区块链创新项目的立项价值与意义作出独立判断，守正创新，驱邪扶正，从源头保护那些真正的价值创新者，从源头扼杀那些浪费资源、鱼目混珠并有可能后患无穷的伪创新项目。

另一方面，在区块链项目的运行过程中，行业监管机构应该以政策和技术顾问的方式，定期或不定期监控区块链项目的网络运行状态，提供项目相关服务和产品政策方向性指导和系统运行状态的技术监控指标，提出项目价值创造的努力方向和技术进步的改进意见。建立以去中心化指数为基础的区块链网络技术指标体系，包括区块链网络去中心化指数、区块链网络安全性指数、可扩展性指数和能耗指数，可以为行业技术监管政策的有效实施提供客观、科学、定量的标准依据。监管部门和项目方需要谨慎平衡各方权益，兼顾公平与效益、自由与义务、权力与责任，并处理好数据的使用和保护、潜在的平台垄断式经营以及如何与全球最佳实践和标准保持一致。

技术监管与技术创新是一对矛盾的统一体，只有正确把握二者之间的辩证关系，做到科学监管，宽容创新，控制风险，管理合规，才能在发挥监管驱邪作用的同时，有效促进真正有价值的技术创新。近年来，美国、加拿大、英国、日本、新加坡、韩国等的监管机构对区块链行业创新总体上采用谨慎监管的治理原则，对公共区块链项目、首次代币分发（ICO）、分布式金融（DeFi）、数字代币和非同质化通证（NFT）等数字资产与数字金融创新保持开放包容的态度，有效维持了区块链行业的持续创新热度，促进了区块链领域的基础技术研究和生态社区发展。社会对数字资产中心化交易所的开放态度和合规化监管要求反映了数字货币和数字资产正在被接受作为一种合法的资产，正在参与新型数字经济建设和商业模式创新。中心化交易所向去中心化交易所的不可逆发展趋势表明，人们渴望并追求的去中心化数字世界中应该存在如下基本价值观：人权、法治、自由、分权、平等和保护私有财产等。这些价值观具体体现为：自由的数字身份和数字资产，高效的数字资产流通渠道，平等的数字身份和治理权力，基于"多数公决原则"的共识机制和数字社区治理机制，对信息对称、个人隐私、数据资产和知识产权的尊重，等等。

如果说行业技术监管政策主要起到行业驱邪的作用，那么行业资本特别是国家政策资本的投资导向就是发挥扶正的功能，将那些技术创新特征鲜明、商业价值可期、社会价值确定的优良项目作为带动行业发展的方向性项目，进行重点投资，加快发展，有利于形成区块链行业的灯塔效应，促进行业有序发展。对于区块链这样一种正处于基础技术攻关和早期应用创新阶段的颠覆性技术，在基础技术攻关方面的投资宜面宽而量小。也就是说，在区块链体系架构、共识机制、互操作性、系统安全和隐私保护技术等方面加大科研投入，提高区块链技术的原始创新水平和能力，实现将区块链作为我国核心技术自主创新的重要突破口的愿望，在区块链技术领域彻底摆脱受制于人的被动局面。建立客观、科学、定量的区块链技术先进性评估指数体系，可以促进区块链基础技术研究形成有序竞争态势，通过设计区块链网络技术指数基金正确引导社会风险资本的投资方向，优化创新资源效益，全面推动区块链技术经济的生态建设。在场景应用创新方面，加快推动区块链技术和传统产业的融合创新发展，国有政策资本投资宜面窄而量大。也就是说，集中优势重点解决几个行业的痛点问题。例如，欧盟在主权身份、学术资格存证、产品溯源、健康数据共享、分布式能源等领域的区块链创新项目，由 MAERSK 和 IBM 联合开发的基于区块链网络的全球供应链平台，在相关行业内起到了很好的示范作用，各自在隐私保护、资源共享、可再生能源网络自治、降低物流成本、提高供应链弹性等方面实现了所拟解决问题的目标。

例如，TradeLens 是一个以区块链技术为基础的开放和中立的供应链平台，由 MAERSK 和 IBM 联合开发，已进入商业阶段。TradeLens 正在实现跨供应链的真正信息共享和协作，从而增加行业创新，减少贸易摩擦，并最终促进更多的全球贸易。TradeLens 为参与全球贸易的每个实体提供数字工具，以安全地共享信息和协作。TradeLens 生态系统由托运人、货运代理、港口和码头、海运公司、多式联运经营人、政府当局、报关行等组成。TradeLens 每年已经处理超过 7 亿件事件和 600 万份文件，减少了贸易管理摩擦。TradeLens 市场通过利用生态系统数据的力量来加速供应链创新和价值创造。

去中心化的分布式经济建设与区块链技术生态发展需要社会资本的推动，社会资本的优化配置和高效利用需要正确地投资政策导向。建立与区块链行业相关的金融、技术和综合性指数，是推动区块链行业有序发展的基本技术手段；建立以区块链指数为投资导向标准的各类指数发展基金，是促进区块链行业技术和应用创新、繁荣区块链产业生态的有效金融工具。例如，亚洲区块链基金会发布的全球数字资产基准指数，赛迪研究院发布的全球区块链评估指数，韦斯评级公司发布的加密货币等级评级，丰盛投资发布的区块链技术指数，中国金融市场发布的深证区块链 50 指数，等等，但这些指数都不属于通过客观定量计算评估区块链基础技术先进性的技术指数。因此，以去中心化指数为核心的区块链三角指数和区块链能耗指数从区块链基础技术层次上定量评估区块链项目的技术先进性和商业化应用潜力，是基于开放的区块链账本数据通过科学计算得出的指导市场投资方向的客观性指标。通过建立基于去中心化指数体系的去中心化指数基金，可以引导市场资本进行区块链行业创新项目投资，使大量的社会资本转向那些去中心化程度高的、扩展性能优秀的、系统安全的、高效节能低碳排放的技术型区块链创新项目，避开那些山寨类、忽悠类、庞氏骗局类、空气币类、高能耗类、中心化类和伪去中心化类等项目投资骗局，社会创新资源因而可以向符合人类文明发展方向的、具有普识价值共识基础的、价值稳定增长的区块链创新项目聚拢。例如，当前区块链行业的国际社会资本投资热点集中在 Web 3.0 项目与 DAO 项目，就是因为这些项目集中代表了去中心化的分布式商业与社区/社会治理模式的技术发展方向。

无论进行区块链项目创新监管还是开展社会资本投资政策导向，发展区块链分布式经济的目的都是为了满足人民群众对美好生活的向往。因此，发展新一代去中心化的分布式数字经济应该尽量缩小社会收入与财富分配的差距，使数字经济真正具有"人民性"。分布式数字经济的人民性集中体现在实现最大价值共识，实现最低社会成本和最大社会效益，去中心化指数作为分布式网络的共识指数，自然成为了评价区块链网络的人民性的客观标准。去中心化网络共识/通证经济的终极目的就是影响甚至改变区块链重复互联网背离初衷的历史走向，阻止区块链网络经济再次为资本所裹挟，打破通过数字技术差距所形成和固化的数字资本垄断，缩小数字鸿沟日益扩大的趋势。

5.4 去中心化指数引导数字资产向安全的高价值网络转移

从比特币网络开始，以加密数字货币为主的数字资产以区块链网络为支付和应用环境，建立了一个又一个的加密资产生态圈。比特币圈、以太币圈、莱特币等各种山寨加密货币圈。随着以太坊网络智能合约与 EVM 世界虚拟机的开放，在公有链网络上发展出各种 DApp 应用及其代币，继而开发去中心化金融（DeFi）与非同质化通证（NFT），以至提出去中心化的元宇宙（Metaverse）平行世界开发计划。随着解决不同技术与应用问题的各种特色单链网络的开发与上线运行，区块链网络世界产生了严重的数据与价值孤岛问题，不同的区块链网络中有价值的数据不能共享，链内与链外不能互通和交易。

于是，多链分片、异构跨链、异步并发记账以及 Oracle 预言机技术等提高区块链的可扩展性和可应用性的技术相继成为行业的研发热点，国际上相继推出了 TON、COSMOS 和 Polkadot 等不同的异构多链网络。联盟链为了提高网络的去中心化、可扩展性、吞吐量和安全性，由采用拜占庭容错（BFT）协议、仅能扩展到几十个计算节点、面临 Sybil 攻击风险的 Tendermint 和 Casper 区块链网络共识协议软件，发展到可扩展、可信任和去中心化的 SBFT 区块链基础设施，再发展到能够支持数百个节点、异步 BFT、具有原子广播协议的 HoneyBadgerBFT，以及 Algorand 和 Hashgraph 等高效率的异步 BFT 协议，最近数年里联盟链技术在异步共识协议方面进展迅速。

自从比特币出现后，以数字加密货币为主的数字资产的规模发展迅猛，先后出现过上万种不同数字加密货币，全球数字货币交易所超过 12000 家。据 CoinMarketCap 数据统计，2020 年下半年整个加密货币行业出现长期牛市。截至 2021 年 1 月 1 日，全球数字货币市场共有数字货币 8124 种，总市值约 7653.12 亿美元。与 2020 年年初的 1915.42 亿美元的总市值相比，整个数字货币市场上涨了 5737.7 亿美元，同比上涨近 400%。2021 年 4 月 14 日，据 Coingecko 行情显示，全球加密货币总市值达到历史峰值 2.31 万亿美元，超过苹果（AAPL.US）当时的市值 2.25 万亿美元。其中，比特币市值占据半壁江山，市值 1.2 万亿美元，以太坊市值 2721.448 亿美元，XRP 市值 810.427 亿美元。截至 2021 年 8 月 15 日，全球数字货币市场共有数字货币 11257 种，总市值为 1.99 万亿美元，较 4 月份出现的总市值峰值有所下降。其中，市值排位第一的比特币市值 8732 亿美元，总市值占比 43.85%；市值排位第二的以太币市值 3779 亿美元，总市值占比 18.98%；市值排位第三的 ADA 币（Cardano）市值 683 亿美元，总市值占比 3.43%。市值 TOP30 的数字货币包括公共区块链（76.22%）、平台币与稳定币（6.12%）、代币、DeFi、NFT 等领域，TOP30 数字货币总市值为 1.786 万亿美元，市值占比 89.69%。

我们可以分析从 2013 年开始的加密货币总市值排名前十位的名单变化情况（如表 5-1 所示）。其中第一排名从未被取代过，其次是莱特币、以太币、XRP、USDT 和 ADA 等币交替占据前两名，最近几年排名变化比较大的是 ADA 币，而 DOT、SOL、LUNA 和 AVAX 是最近两年诞生的公链代币，其中 DOT 和 AVAX 的总市值最靠近，进入 2022 年后其排名在第 10 名左右徘徊。以太币从 2015 年的第四名，上升到 2016 年的第二名，2017 年和 2018 年被 XRP 赶超成为第三名，2019 年后至今，一直维持在第二名，说明以太坊 2.0 升级计划带动了基于以太坊开发的 DApp 智能合约应用的持续发展。不断推出的 DeFi、NFT 和分布式元宇宙的概念创新计划，使得以太币不断稳步升值，各种基于以太坊的应用代币数量增加、价值也得到不断升高。EOS 在 2018 年至 2019 年市值排位曾

表 5-1 加密货币总市值排名变化

排名	2013年	2014年	2015年	2016年	2017年	2018年	2019年	2020年	2021年	2022年
1	比特币	比特币	比特币	比特币	比特币	比特币	比特币	比特币	比特币	比特币
2	LTC	XRP	XRP	以太币	XRP	XRP	以太币	以太币	以太币	以太币
3	XRP	XPY	LTC	XRP	以太币	以太币	XRP	USDT	ADA	USDT
4	OMNI	LTC	以太币	LTC	BCH	BCH	USDT	XRP	BNB	BNB
5	PPC	BTS	DASH	XMR	ADA	EOS	BCH	LTC	USDT	USDT
6	NXT	MAID	DOGE	ETC	LTC	XLM	LTC	BCH	XRP	XRP
7	NMC	XLM	PPC	DASH	MIOTA	LTC	EOS	BNB	SOL	ADA
8	QRK	DOGE	BTS	MAID	XEM	USDT	BNB	LINK	DOGE	SOL
9	PTS	NXT	XLM	XEM	DASH	BSV	BSV	ADA	DOT	LUNA
10	WDC	PPC	MAID	STEEM	XLM	TRX	XLM	DOT	USDC	AVAX

花一现后，2021 年已经跌至第 34 名，说明中心化的 EOS 已经式微。稳定币 USDT 在 2015 年开始发行，从 2018 年开始，稳定币获得发展，市值排位不断上升，稳居前四名。由于 USDT 的透明性不足，2018 年发布了另一种透明的稳定币 USDC。2021 年，USDC 进入市值前十名，开始了与 USDT 争抢加密货币市场的入口。

从核心技术上，除了 Polkadot 在共识机制、中继链与异构跨链方面和 XRP 在网络结构方面具有一定的创新设计思想（发行 XRP 的 Ripple 交易平台不是区块链网络），当前市值排名前十的加密货币网络中，排名前二的比特币与以太币网络（以太坊）都只是因为其历史的荣光而暂时领先；作为比特币的首个山寨币，莱特币虽然直到 2020 年一直位列前 10 位，但最近两年由于新型高性能公链的大量涌现，莱特币已经退出前十，2022 年其总市值仅位列第 22 位；其他如 ADA、BNB、SOL 与 DOGE 等加密货币不是都因为技术原因而获得市值领先的。ADA 是较早采用 PoS 权益证明机制 Ouroboros 算法、运行在 Cardano 区块链平台上的一种加密货币，BNB 是由币安交易所基于以太坊发行的 ERC20 标准代币，SOL 是一种与以太坊竞争的可以运行智能合约的山寨币（虽然采用了历史证明、涡轮 Turbine 技术和 1/3 信息包容错技术），DOGE 只是一种迎合社会点赞打赏和慈善文化而获得发展的加密货币。LUNA 和 UST 是 Terra 区块链采用双代币弹性供应机制发行的两种代币，其中 LUNA 是链上治理、质押和验证的代币，UST 是通过算法实现与美元挂钩的去中心化稳定币，不同于中心化稳定币 USDT 和 USDC。Terra 通过与韩国和蒙古的在线和离线商户建立支付网络推动 LUNA 的使用。算法稳定币没有与相应传统资产进行锚定，很难维持相对稳定，甚至在流动性缺乏时存在被做空的危险。AVAX 是 Avalanche 开源区块链平台发行的代币，Avalanche 区块链采用多轮非确定性局部共识传播协议——雪崩共识，协议可以达到 1300 TPS，交易只需要 4 秒确认延迟。Avalanche 区块链用于启动高度去中心化的应用、新的金融原生态、新的可互操作系统，可将所有区块链平台连接在一起，形成可互操作的生态系统，旨在帮助建立可自定义的区块链，或使用工具集合将任何资产数字化。当前，国际上区块链网络的发展趋势主要以公有链技术研发和区块链生态社区建设为主，强调去中心化主链与平行工作链（侧链）之间的分工与合作技术研究，重点解决异构多链网络的高效分片共识体系与跨链最终原子性协议，如波卡（Polkadot）和 COSMOS，还有较早的 TON，而超级账本 Fabric 等联盟链与 EOS 等中心化区块链网络已经式微。

第四章中的去中心化指数计算实证分析表明，当前比特币、以太坊、莱特币与 EOS 等主流公共区块链的去中心化指数值均低于十万分之一，而联盟链的去中心化指数更低，表明当前区块链网络去中心化程度极低，严重威胁到区块链网络的安全性。去中心化程度直接决定区块链网络的安全性与节点记账的公平性，而网络节点记账机会的博弈均衡机制的公平性又决定维持系统安全的能耗水平，因此，通过改进区块链网络的共识机制提高去中心化指数，已经成为当务之急！

加密货币市值排名的变化可以从一定程度上说明数字资产正在从价值低的区块链网络向价值高的区块链网络转移，比如总市值排名中莱特币和 BCH 币最近退出前 10 位，而 ADA、DOT、SOL、LUNA 和 AVAX 等最新加密货币很快进入前 10 位，如同传统股票市场中的个股市值变化一样。区块链网络价值包括技术水平、应用开发价值和历史声誉，是一个综合评估的结果。当前仍然处于区块链发展的初级阶段，主要以技术瓶颈突破与商业模式创新为主，提高去中心化程度是解决区块链网络不可能三角困难问题的基础。相对于区块链网络的可扩展性、吞吐量和安全性，提高去中心化指数需要进行共识机制的底层算法创新，而当前不断涌现的新的公有链在这一点上却乏善可陈。因此，研究去中心化指数与区块链经济模型、共识机制、出块奖励、全网矿力（出块难度）、数字货币价格、贪婪/恐怖指数、区块链矿池和数字货币市容量赫芬达尔指数等之间的关系，可以按照正确的去中心化发展方向指导公平而高效的区块链经济模型设计与实践。通过建立区块链去中心化指数计算平台，实时计算或定期发布国际公有区块链网络的去中心化指数值，以及基于去中心化指数值的主要国际公共区块链网络的排名，可以为数字货币与区块链网络的技术先进性建立科学、客观、定量的评价标准。基于科学、客观、定量的去中心化指数评估，通过自由、公平的市场竞争，可以让数字资产从危险、劣质、伪去中心化的低价值区块链网络，尽快转移到安全、公平、真正去中心化的高价值区块链网络，发展安全而公平的数字经济，实现金融的普惠性。

第 6 章

去中心化指数的改进

6.1 去中心化指数的小结

我们参考基尼系数的计算方法，结合区块链网络的发展现状，构建了记账机会去中心化指标的测算体系。去中心化指数将区块链网络的去中心化程度进行量化，直观地反映和监测所有网络节点客观的矿力分布，进而将去中心化这一区块链网络本质特征从"Yes/No"的定性描述转变为客观的"程度高低"定量评估计算。通过计算得到的去中心化指数值越高，区块链的去中心化程度就越高。区块链去中心化程度越高，区块链就越安全，共识经济也就越公平。共识经济越公平，共识价值就越高。共识价值越高，数字资产的流通范围就越广泛，区块链的金融普惠性也就越好。

同时，我们通过关联区块链网络的去中心化指数与市场相关指标、网络相关指标和其他区块链的去中心化指数分别分析了去中心化指数的实际指导意义，发现了一部分与去中心化指数相关联的其他参数，如 SOPR 与数字货币价格等；通过具体分析不同区块链间去中心化指数的相关性得到了不同区块链去中心化程度的关联性，并进行了具体的回归分析。通过一系列区块链网络参数之间的逻辑关系论证与实证分析计算，表明去中心化指数具有现实的应用价值，对区块链行业的政府监管、企业投资、共识机制改进、用户选择等方面都具有显著的帮助。去中心化指数计算方法对所有区块链网络去中心化程度的定量评估具有普适性，能够客观地评估包括联盟链在内的所有区块链网络的去中心化程度，统一真伪区块链网络的认知标准，消除区块链行业内长期存在的公有链与联盟链概念之争，促进区块链产业向安全、公平、节能、真正去中心化的方向转变，让具有去中心化特征的分布式数字经济真正落到实处并普惠大众。

6.2 去中心化指数的局限和改进

1. 提高去中心化指数计算的准确性

去中心化指数适用于 PoW、PoS、PoI 等不同共识机制和 BFT 等分布式系统一致性共识协议的去中心化程度评估，通过公开的分布式账本统计网络中不同节点的出块数量，就可以客观计算区块链的算力分布情况，即记账机会的去中心化程度。理论上，当所有节点的算力完全相等时，去中心化程度最高。虽然去中心化指数可以在一定程度上反映区块链网络的去中心化程度，但这个指数的计算方法尚未考虑节点在区块链网络记账过程中的具体情况，即哪些网络节点已遭废弃、哪些网络节点将算力借给了矿池等一系列情况，相应情况如何在指数计算中得到体现，这是后续需要进一步完善的地方。

2. 提高去中心化指数计算方法的普适性

我们在对主要区块链网络去中心化指数进行实证分析计算时发现，某些区块链网络中存在着多重确认或随机生成验证者确认区块的情况。通过数据搜集，我们发现，其中的随机并非均匀随机，而与相应算力以及所持数字资产的多少具有正比关系，仍需继续探讨其具体机理。比如，虽然目前可以获取 Polkadot 网络中最终的验证者与各平行链以及节点间的归属关系与奖励机制，但是无法得出全部区块链的去中心化指数。我们将在下一步研究计划中继续探讨。

3. 加强去中心化指数与网络安全性的相关性研究

在区块链网络的实际运行过程中，一直存在通过违反区块链的网络诚信来获取更大利益的协议欺骗行为，如自私挖矿，网络节点适度隐瞒自身的出块情况以获取更大的收益，而这种违背区块链网络协议原则的行为将给区块链网络本身带来安全风险。因此，下一步我们将对这类行为进行研究，通过去中心化指数与相关指标如自私挖矿的安全阈值等相结合，使得指标更好地为区块链网络的安全服务。

4. 研究去中心化指数与节点计算设备之间的相关性

去中心化指数与公共区块链网络特有的挖矿设备之间的关联性暂未考虑。我们在研究记账机会的去中心化指数时，主要数据为不同网络节点生产并获得最终确认的区块数量，由节点出块数量直接显示记账机会的大小，但各节点出块的数量会随着设备的变化而改变。如比特币网络中，全民可使用 CPU 或 GPU 进行挖矿时，此时的比特币网络去中心化程度较高，但随着 ASIC 矿机的产生，消费级的设备很难在算力的竞争中得到公平的竞争机会，此时去中心化指数就会不断下降，区块生产开始大量依赖大型矿池。

我们将进一步探讨去中心化指数与挖矿设备之间的关联性。

附录 A

去中心化指数网站使用说明

区块链去中心化指数作为一个可以评估区块链网络的经济公平性和系统安全性的综合性客观量化指标，通过在线获取指定区块链网络的链上公开数据，可以提供实时的去中心化指数计算结果，为区块链行业的投资分析和有效监管提供及时的量化评估依据。因此，我们建立了区块链数据分析平台"JM.INDEX"去中心化指数分析网站，实时提供区块链去中心化指数计算及其相关性分析服务。

"JM.INDEX"去中心化指数网站目前提供三类分析功能，分别是单指标分析、综合指标分析与多指标相关分析，具体说明如下。

1．单指标分析

网站结构如图 A-1 所示，提供比特币、以太坊、莱特币等 10 条区块链的单个指标计算，包括去中心化指数、狭义去中心化指数和链内去中心化指数等指标，涉及区块链网络的去中心化程度、市场表现、链上交易速率等方面。其中，考虑到不同人员对于时间区间、精度与分析目标的不同需求，网站提供多种展示形式，同时提供原始数据下载、图片下载和时间选取等功能。

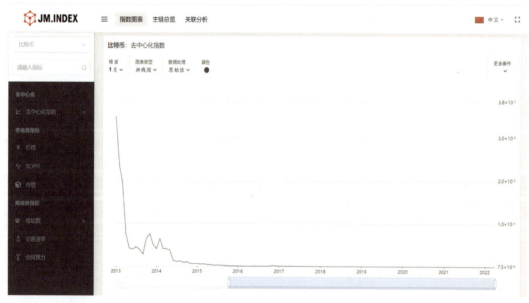

图 A-1　单指标展示

2．指标综合展示

指标综合展示中，网站提供区块链横向比较与区块链内部数据比较功能。

区块链横向比较网页如图 A-2 所示。网站从新增地址、tps、市值、去中心化指数等多个维度对区块链进行排名，并提供用户自定义排序，完善用户个性化区块链选择方案。

图 A-2 区块链数据横向比较

在区块链网络内部数据比较中,网站提供多个维度的指标集合,同时可对指标进行一定程度的组合,方便用户根据需要选择不同维度进行数据分析。其中,网页展示如图 A-3 所示。

图 A-3 区块链网络内部数据比较

3．指标关联分析

网站提供不同区块链网络多个指标之间的横向比较与分析，图 A-4 为比特币去中心化指数与以太坊价格的横向比较。用户可以选择"添加指标"进行指标添加，如图 A-5 所示。考虑到不同人员的不同偏好与需求，可提供不同展示形式。

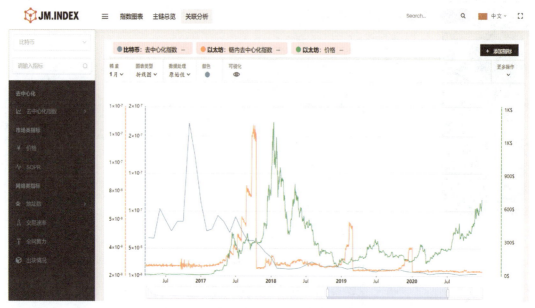

图 A-4　比特币与以太坊间指标横向比较

图 A-5　添加指标

4．辅助功能

网站提供所有指标释义，如图 A-6 所示。

图 A-6　指标释义

网站提供在线沟通平台，方便平台用户之间在线沟通和联系。

附录 B

区块链数据科学研究参考来源

特别说明：下面提供的区块链数据来源截止于 2022 年 4 月；所有信息仅供科学研究参考，如果涉及偏离国内政策、方针等的，或者出现与国内法律相悖的内容，请批判性对待；基于数据来源的分析，应遵循科学研究的基本原则，理性认识，并合法合规合理利用。

1．综合类数据分析网站

（1）Glassnode

提供全面的区块链链上数据，如某范围的持币地址、交易所余额、矿工余额，但需要会员，每周提供免费的链上分析报告。

（2）CoinMetrics.io

提供丰富的链上数据，并可将数字资产与传统资产进行对比，可计算不同资产的相关性等，最常用的链上数据网站之一。

（3）Tokenview

提供公链、NFT、DeFi、稳定币等各种图表指标，免费。

（4）OKLink

可查询公链、DeFi、GameFi、NFT、热门项目的相关数据。

（5）BitInfoCharts

提供公链的挖矿难度、区块奖励、活跃地址、链上交易数量、平均确认时间、富豪榜等基础数据。

（6）Blockchair

集合了多条公链的区块链浏览器功能。

（7）In To the Block

基于 AI 技术对区块链链上数据进行分析，提供加密资产价格预测、DeFi 洞察、NFT 洞察以及资本市场洞察服务。

（8）ByteTree

为投资者提供审查、评估和分析区块链的工具。ByteTree 包含基础数据，开发了一系列指标，可以做出基于信息和价值的决策。

（9）Coin Dance

由比特币社区驱动的比特币统计和服务网站。

2．以太坊数据分析网站

（1）Etherscan

最常用的以太坊区块链浏览器。

(2) Nansen

分析并标记以太坊地址的链上活动,为用户的投资提供参考。

(3) ETH GAS STATION

可实时查询以太坊链上交易的 Gas Price。

(4) Watch the Burn

实时查看 EIP-1559 之后的 ETH 销毁情况。

(5) MEV-Explore

查询以太坊上的 MEV 活动。

(6) CryptoFees

为衡量各种区块链协议的经济价值提供一个简单的指标。网站收录区块链协议标准:① 项目是一个由区块链技术支持的去中心化协议;② 该协议已生效至少 6 个月;③ 收费目的是激励协议增值;④ 任何用户都可以加入该协议来赚取一部分费用;⑤ 如果项目财政部需要积累费用,该费用必须低于总费用的 33%。

(7) layer 2-Optimistic

以太坊区块链账本浏览器。

3. DApp 综合数据分析网站

(1) Dune Analytics

最常用的 DApp 数据分析网站之一,提供大量数据分析仪表板,由社区贡献,包含丰富的链上数据。

(2) Token Terminal

专注于项目的营收,提供传统财务指标来评估区块链和 DApps,有公链和 DApps 的 30 天累计收入等代表性指标。

(3) Dapp Review

统计了各区块链的 DApps,可根据用户数、交易数、余额、评分等进行排序。

(4) DappRadar

跟踪、分析、发现 DApps,对 DApps 按照所属公链和类别进行区分。

(5) DappTotal

非常知名的 Dapp 的数据网站,DeFi 是新开的板块,相较于其他的数据网站,除了锁仓,其在排行比较维度上还多了用户活跃度。

(6) State of the Dapps

一个非营利的 DApp 应用程序目录,最初只对以太坊区块链上开发项目进行分类和展示，最近增加了对 EOS、Steem 和 Hive 上开发的 DApp 的支持。DApp 项目涉及不同的领域，如健康、庞氏骗局、游戏、虚拟现实、人工智能、教育、注册、就业市场、马火等。该目录已成为以太坊生态系统的最大引用源之一。

（7）The Graph

一个从以太坊开始用于索引和查询来自区块链的数据的去中心化协议，可以查询难以直接查询的数据，是为加密经济提供最快、最便宜、最可靠的数据访问方式的开放网络。

（8）DappBoard

提供一种简单直观的方式来理解人们如何使用去中心化应用 DApp，如有多少用户在使用、每天使用多少次。以太坊区块链上每天都有新的去中心化应用程序发布，同时有上百万笔交易发生。

4．DeFi 数据分析网站

（1）DeBank

多功能 DeFi 钱包，常用的 DeFi 工具，可查看地址的投资组合、管理钱包授权，汇总了十余条公链的 DeFi 项目，项目排名功能近期被禁用。

（2）DefiLlama

支持几乎所有链上的大型 DeFi 项目，并能够较快地跟踪到新的项目，按照智能合约平台和项目类型进行了分类，主要统计项目的 TVL，可将不同项目进行对比，近期新增了 NFT 项目交易量的统计。

（3）vfat

汇总各条链上 DeFi 应用中的挖矿情况，可查看支持的交易对与收益率。

（4）LoanScan

可以对比以太坊中不同平台的存款和借款利率。

（5）DeFi Rate

可以对比各中心化平台和去中心化平台的存款与借款利率。

（6）DEFI PLUS

可以跟踪以太坊上 DeFi 项目的 TVL。

（7）apy999

可以查看几个智能合约平台中单币挖矿的收益率，主要是借贷协议。

5．NFT 数据分析网站

（1）OpenSea

最大的 NFT 交易平台，交易时平台收取 2.5% 的费用。

(2) NFTSCAN

专业的 NFT 资产浏览器和数据开放平台。旨在成为区块链领域最具影响力的基础设施之一，为开发者提供安全稳定的数据服务，为用户提供简单高效的检索服务。NFTScan 为开发者和用户提供专业的 NFT 资产数据搜索和查询功能，包括：NFT 采集、NFT 合同、钱包地址、NFT TxHash 等多维数据搜索查询。NFTScan 推出的 Open API 平台支持以太坊链的全部 NFT 数据，NFTScan 还支持定制的 API 接口，以满足开发者在各种业务场景中对 NFT 数据的需求。NFTScan 推出的 NFT Analytics 为专业机构和用户提供 NFT 链上数据的全球免费可视化分析功能，包括：趋势分析、发现、跟踪、TopHolder 和其他数据分析，可以帮助用户做出投资决策。

(3) Makersplace

领先的艺术家和创作者发现、收集和投资真正稀有和真实的数字艺术品的首要市场。

(4) NonFungible

最初是为了跟踪去中心化土地的实时交易，此后随着空间的发展而发展。作为最值得信赖的 NFT 市场数据和分析参考源，NonFungible 如今已成为 NFT 生态系统的主要支柱之一。

(5) CryptoSlam

按指定时间范围，列出 NFT 系列销量排名，按销售量列出全球指数，按 NFT 销量划分区块链，按销量分列顶级粉丝代币，顶级 NFT 收藏品销量。

(6) CryptoArt

提供艺术家画廊的 NFT 销售数据，包括 Art Blocks、Nifty Gateway、Foundation、SuperRare、hic et nunc、KnownOrigin、MakersPlace，以及 Async Art 等画廊。

(7) NFTCalendar

不断成长的 NFT 行业首个发布和活动日历，报道 NFT 市场和平台最有趣的活动和 NFT 拍卖事件。通过支持创作者，为他们在加密艺术领域的发展做出贡献。平台有一个知识库，初学者可以学习有关 NFT 铸造、销售和推广的知识。

(8) NFTGO

Web3、NFT 和游戏社区的数据聚合平台，可以毫不费力地找到有关 NFT 的关键信息。网站跟踪 NFT 排名、NFT 藏品分析、NFT 鲸鱼、NFT 投放和 NFT 珍品。作为第一个跨链 NFT 数据分析平台，提供 NFT 市场下一步行动所需的所有信息。

6．行情数据分析网站

（1）CoinMarketCap

提供代币的官网、价格、市值、流通量、区块链地址等信息，分类统计了 DeFi、NFT、Metaverse 等类别的加密资产，可查询各个中心化交易所的交易量。

（2）CoinGecko

可以查看顶级加密货币实时价格、加密图表、市值和交易量，发现当今最新和最流行的硬币，顶级加密赢家和输家。

（3）DEXTools

可以查询以太坊、BSC、Fantom、Polygon 上 DEX 的上币、流动性添加和移除、代币质量评估、实时交易图表等信息。

（4）TradingView

专业的行情分析网站，技术分析中最好的网站之一，其 K 线图被多个交易所接入。

（5）dcaBTC

比特币投资计算器，帮助制定比特币投资策略。

（6）Chainanalysis

区块链数据分析取证领域最出名的一家企业，可以提供众多的数据服务，包括丢失的数字货币、数字货币持有模式等，主要服务范围包括：数字货币用户报告、数字加密货币相关行为、检测来自暗网的可疑行为与可能出现的威胁等。

（7）CryptoQuant

为审查与加密资产相关的数据和分析提供在线资源，可以使用该网站获取加密资产网络或市场数据的每日加密资产数据集，可以获得我们或我们的许可方生成的各种数据的相关性和其他衍生分析，可以通过在该网站注册接收数据和分析的 API 数据源。

（8）ViewBase

针对交易所、资产和工具的数字资产市场，提供聚合、干净且可操作的数据。

（9）Bitcoinity

以柱状图方式展示交易和市场数据，可以输出为 CSV/XLSX 文件。数据包括比特币交易量、成交排行、每分钟交易量、买卖价差和部分区块链数据，包括哈希率、挖矿难度和交易数量。数据不算海量，但数据可视化工作很出色也很漂亮。

（10）CryptoCompare

为机构和散户投资者提供有关 5300 多种代币和 24 万多种货币对的实时、高质量、可靠的市场和定价数据的信息，弥合了加密资产与传统金融市场之间的鸿沟。

（11）CoinCodex

加密货币数据网站，跟踪在397家交易所交易的17141种加密货币。

（12）CoinTrendz

集多种工具于一体的加密仪表盘，用于监控快速发展的加密市场并保持领先。

（13）CoinCheckup

提供实时加密货币价格和图表，按加密市值列出；获取比特币和数千枚山寨币的最新价格、预测、新闻和历史数据。

（14）The TIE

数字资产信息服务的领先提供商，其核心产品Crypto SigDev Terminal是机构数字资产投资者最快、最全面的工作站。客户包括领先的传统和原生加密货币对冲基金、场外交易台、做市商、交易所、银行、卖方公司和其他机构市场参与者。

（15）CryptoRank

提供众包、专业策划以及分析市场新闻和动向的专业数据网站，拥有关于数据、新闻聚合器、数据分析平台以及IDO/IEO等全面且权威的功能，可以使其帮助参与者做出更明智的交易决策。

（16）Alameda Research

数字资产衍生品交易所，平台推出交易量鉴，用于记录各大交易所真实交易量数据，每天实时刷新。

（17）TradeBlock

全球领先的比特币机构交易商工具集，以市场分析、区块链洞察、订单管理、交易执行、团队沟通和合规自动化为特色，提供稳健的XBX比特币指数，对交易市场和区块链网络的洞察可作为报告或定制产品提供。

（18）Nyctale

围绕区块链网络和数字资产建立信任和信心，通过分析去中心化网络背后的经济机制来支持区块链行业走向成熟。通过提供评估项目和资产绩效的标准化框架，支持去中心化应用程序应用，并使投资策略合理化。

7．融资数据分析网站

（1）Dove Metrics

详细整理加密领域近期的融资，包括项目简介、投资机构、融资轮次和规模等信息。

（2）CryptoRank

提供加密市场的见解与分析，在 IDO、IEO、ICO 平台、历史数据和预告上有较为完善的总结。

（3）ICO Drops

提供 IEO、ICO 日历。

（4）Chain Broker

收集了加密领域过去、现在和即将到来的公开融资。

（5）Crunchbase

汇总了各行业公司的融资历史。

8．空投数据分析网站

（1）DefiLlama

潜在的空投项目。

（2）Coinowo

空投信息汇总。

（3）Earnfi

个人账户空投查询。

（4）DropsEarn

完成任务瓜分空投。

9．矿业数据分析网站

（1）BTC.com

BTC 区块链浏览器和矿池服务。

（2）f2pool

国内最早的比特币矿池，提供矿场、矿机、算力等咨询。

（3）CBECI

提供比特币电力消耗统计分析。

（4）Digicomomist

提供比特币能源消耗数据。

（5）1ML

提供比特币数据分析。

（6）BitcoinVisuals

提供了比特币闪电网络分析。

（7）51%攻击

提供对每个加密货币网络进行51%攻击的理论成本分析，网站通过揭示小型加密货币遭受51%攻击的风险，旨在寻找解决问题的方案。

（8）MasterNodes

输入服务器的IP地址可找到大多数主节点，只存储网站已经列出的加密货币信息，监控主节点加密货币的付款、支付比率、状态和详细信息，不包括ZEN、GRFT、ETHO、ETZ、LOKI&SWM。

（9）BITNODES

通过查找比特币对等网络的所有可访问节点来估计比特币对等网络的相对大小，递归发送getaddr消息，从一组种子节点开始查找网络中所有可到达的节点。

10．其他分析网站

（1）Messari

为加密投资者和专业人士提供可靠的数据和市场情报，统计了加密资产的各种数据，发布加密行业各个领域的专业报告，总结了机构的持仓和加密领域的各种事件。

（2）Staking Rewards

提供区块链质押数据分析。

（3）Infinite Market Cap

提供了加密货币和传统资产的市值排名。

（4）LunarCrush

通过跟踪加密社区行为（Twitter活动、人气、新闻、谷歌搜索量等），帮助用户指定投资决策。

（5）Deep DAO

DAO相关分析。

后 记

本书原本仅作为一部正在撰写的区块链技术专著的部分内容，后经朱嘉明先生建议先写成知识手册，作为去中心化指数网站平台发布时配套的学术专著一起发布，也许更有意义。至于朱嘉明先生，虽然网上早就认识，但一直到2021年3月"横琴智慧金融论坛"才有幸于毗邻澳门的珠海横琴岛亲临教诲，同时见到了朱先生的好朋友黄江南先生，两位先生皆为"改革四君子"之一。会议期间，我们谈天论地，主要限于技术领域，如加密货币、区块链、人工智能、量子计算甚至将至未至的元宇宙等。我们相见如故，这令我想起了乾隆四十四年（1779年）的春天，赵翼终于在西湖见到袁枚之后，作了一首诗：

西湖晤袁子才喜赠

不曾识面早相知，良会真成意外奇。
才可必传能有几？老犹得见未嫌迟。
苏堤二月春如水，杜牧三生鬓有丝。
一个西湖一才子，此来端不枉游资。

在"横琴智慧金融论坛"上，朱嘉明先生作了"数字经济正处于'裂变'与'聚变'的加速期"的主题报告，黄江南先生则作了"从数字资产到数字货币——兼谈权利货币理论"的主旨演讲。俗话说，外行看热闹，内行看门道。在会后与朱嘉明先生及其团队的进一步研讨式交流中，我们团队在区块链技术上所取得的一系列创新成果，诸如"一CPU一票"的PoI智能证明算法，高效异步并发自适应图链账本协议，分层分片共识证明区块链网络体系结构，以及区块链网络二级身份结构等，通过经济学领域的宽广视野豁然开朗。

在这次会议期间，我基本形成了关于EVONature公链的基本价值观，认为这应该成为区块链经济学追求的创新目标：最广泛的价值共识，最广泛的价值流动，最广泛的普惠金融，在此基础上打通平行世界。激动之情，难以言表，我也像赵翼一样赋诗以记，期望几百年以后也有人能记起此事。

横琴岛拜访嘉明先生

正是江南好风景，花开时节访二君。
嘉明新谱裂聚曲，江南又起莫干云。
数字经济成争鹿，平行世界意纷纭。
江山代有新棋局，今借横琴再著文。

朱嘉明先生给我的总体印象是：知识渊宏而博大，识见精深而独到，思维敏捷而又博闻强记，谈吐含蓄而能诲汝谆谆，既具备时代大格局、大情怀、宽视野，又能体察入微、见微知著，身体力行而兼严于自律，于家国情怀之中常怀传统士人兼济天下之心，时见悲天悯人之意，提携后人，一片赤诚。此种学力、品格与人性实属罕见，堪为人师，然自信中时露霸气。

此后与朱先生的进一步交流过程中，区块链的三个"最广泛"便成了我们追求完美公链的设计标准。于是，朱嘉明先生建议我们把系列区块链成果写成学术专著出版，并再次建议尽量加快关于衡量区块链中"最广泛性"的计算标准制定。最后，我们终于提出了可以定量评估区块链中的"最广泛性"的去中心化指标。去中心化指数就是区块链网络中数字资产的价值共识、价值流动与价值普惠的广度的定量评估标准。

于是，我、朱嘉明先生和陆寿鹏同学分工合作，开始了本书的写作和区块链去中心化平台的网站设计工作。2021年7月18日，我们在有关国际公有链设计标准的成都会议上报告了关于区块链去中心化指数的研究进展，会场报以热烈的掌声，并成为会议期间讨论的热点内容。与会专家一致建议，将区块链去中心化指数命名为"嘉明指数"，并希望"嘉明指数"能够成为区块链行业的技术评价标准，指导整个区块链行业和有关国际公有链设计标准的网络体系结构设计、共识机制选择。

2021年9月3日，我们在2021年中国国际服务贸易交易会专属环节通过线上方式举办主题为"物联时代，链动未来"的构想研讨会，并正式发布JM指数，即区块链网络去中心化指数。

当然，"嘉明指数"设计的目的不仅在于能够给区块链行业制定一个科学、客观、定量的技术评价标准，还能够为区块链投资市场提供一个项目技术优劣的量化评价指标，能够为区块链行业的政府监管提供有效的量化工具。同时，"嘉明指数"的意义也是多方面的，比如可以通过科学、定量的区块链综合性指标评估，引导区块链经济健康发展，发展真正去中心化、公平而高效的区块链经济，淘汰当前市场上具有极高安全风险的区块链和数字货币；可以通过自由、公平的市场竞争，让数字资产从危险、劣质、伪去中心化的区块链，尽快转移到安全、公平、真正去中心化的高效区块链网络。

此后三个月，朱嘉明先生三次亲临长沙，皆为操心去中心化指数网站平台的建设和本书内容的斟酌一事。2021年10月23日，朱嘉明先生邀请我就本书内容在北京召开了一个内部研讨会，提出了一些宝贵的修改意见。朱嘉明先生珍惜时间如生命，近年多次在湖南省举办的各种会议中被慕名邀请作特邀学术报告，皆因时间冲突被婉言谢绝。但能够为此事多次来访长沙，甚为感动！今天，去中心化指数网站平台已经上线，本书也快要与读者见面了，聊慰先生。

自从有了比特币，加密货币已经成为货币与支付领域不可忽视的新生力量，如雨后春笋般蓬勃发展，星星之火已呈燎原之势。比特币网络赖以支撑的关键技术——区块链网络，以其去中心化的分布式处理技术特征成为互联网络发展方向的历史选择。通过引进激励博弈模型的共识机制，可以形成可取代第三方中心化信任的去中心化对等网络共识，充斥欺诈、谎言、病毒、木马、黑客、垄断、侵权、剥削的传统互联网迎来了新的发展动力和机会。区块链网络技术可以帮助建设一个去中心化、平等、开放、透明、可追溯、不可篡改的自由协作共享网络，我们不但可以通过互联网络进行自由的信息交流与思想传播，而且可以实现点到点之间无信任的价值流动，这就是新一代互联网 Web 3.0 所追求的目标。

数字经济已经成为全球新经济的主要特点，新一代数字经济必然以传统资产数字化、原生数字资产创新和数字资产全球跨界交易为特征，Web 3.0 正在成为推动数字资产众创、数字资产产权保护、数字资源共享、数字资产交易的新一代全球数字经济的基础设施。

最近十来年，我们已经看到加密经济正在从一道熹微之晨光冉冉升起为一轮红日，加密货币、数字代币、智能合约、DeFi 和 NFT 等新的数字金融创新活动和随之而来的新名词，目不暇接，已经成为各类媒体中的热点新闻和竞相炒作以博取流量的娇儿。就在全球探索区块链技术的大规模商业化应用场景的进程中，一个席卷全球的新概念又诞生了，"元宇宙"取代"区块链"成了资本的新宠。

就在 2021 年，元宇宙（Metaverse）像一只久已消逝的"华南虎"，裹挟着人类创造的所有数字技术呼啸而来，其势有如北冥之鱼，化而为鸟，大有鲲鹏万里之志。2021 年初，Soul App 首次提出构建"社交元宇宙"；3 月，元宇宙第一股罗布乐思（Roblox）正式在纽约证券交易所上市；5 月，微软表示正在努力打造"企业元宇宙"；8 月，海尔率先发布首个"智造元宇宙平台"，英伟达宣布推出元宇宙基础模拟和协作平台，字节跳动收购 VR 创业公司 Pico；10 月 28 日，美国 Facebook（脸书）公司宣布更名为"Meta"（元）；11 月，虚拟世界平台 Decentraland 宣布，将在元宇宙设立全球首个大使馆，中国民营科技实业家协会元宇宙工作委员会揭牌，张家界元宇宙研究中心在张家界市武陵源区旅游高质量发展数字化转型工作领导小组办公室正式挂牌；12 月，百度元宇宙产品"希壤"正式开放定向内测，2021 年 Create 大会在"希壤 App"中举办，可同时容纳 10 万人同屏互动。

2022年1月，索尼（SONY）宣布下一代虚拟现实头盔PS VR2新细节，高通宣布与微软开展元宇宙产业发展合作计划，新鲜热词"元宇宙"成为中国各级政协委员的会议提案；2月，中国互联网络巨头腾讯、网易、字节跳动、阿里巴巴等计划转向"元宇宙"，香港海洋公园、伙拍The Sandbox合作布局元宇宙。

按照Roblox给出的元宇宙所包含的八大要素：身份、朋友、沉浸感、低延迟、多元化、随时随地、经济系统和文明，其中身份、朋友、多元化、经济系统和文明等要素都与社区治理的社会关系相联系，元宇宙是一个可独立存在于现实世界之外又可与现实世界互相映射的平行虚拟世界，是人类发展到一定技术阶段时必然产生的一种新的生存方式。元宇宙是虚拟的、理想的，元宇宙社会的治理机制因而是可以设计的。元宇宙是人类通过化身（Avatar）存在的一种经济系统与文明方式，因而元宇宙必然要反映人类自身对于理想人性的追求：人权、法治、自由、分权、平等和保护私有财产等。

为了设计并享有理想的元宇宙生活，首先必须解决元宇宙社会中的信任机制，包括数字化身的权利与义务、数字化身的社会组织、数字化身的价值创造、数字化身与现实世界中真实身份的关系和不同元宇宙之间的互动方式等社会关系的建立问题。数字化身应该是匿名的，数字化身之间应该是不需信任的对等关系，价值的创造应该是遵守共识机制下的可追溯、可校验的数字资产，等等。因此，元宇宙社会的治理结构应该是去中心化的自治组织（DAO），DAO就是采用遵循"多数公决原则"的共识机制的自组织社区治理结构。

现实世界"多数公决原则"的有效实施必须基于"一人一票"的公平原则，对等网络世界中"多数公决原则"如何定义节点的权利就是实现公平共识机制的基础。节点的网络地址、可验证的数字身份、算力、存储容量、带宽和数字资产都可以用来作为参与共识机制投票的权利和能力，但女巫攻击和（算力等数字资源）"军备竞赛"破坏了节点合法身份的唯一性和节点投票能力的公平性，中本聪在比特币白皮书中预设的"一CPU一票"理想最终还是被矿力"军备竞赛"的现实破灭了。在网络去中心化的社会运动过程中，区块链行业在解决"不可能三角"的技术困境中往复折腾，最终无奈地把"去中心化运动"的初衷无意或故意抛掷脑后。在少数商业化成功的无许可公链项目和几乎所有的许可联盟链和企业私链项目中，都是通过牺牲隐含的内在的去中心化而换来可给系统带来看得见实际效益的安全性和可扩展性。

这是对网络"去中心化运动"的历史嘲讽，也是区块链行业的悲剧。既然公链已经在"公平与效率"的抉择中选择了效率，那么剩下来承载人类文明理想的元宇宙该怎么办？我们应该让区块链网络中看不见的、潜在的、含混不清的"去中心化"变成看得见的、可以改善的、定量化的追求目标，就如同我们希望社会财富分布和收入分配的不公平性可以通过基尼指数来定量衡量一样，让全世界的人民都能分辨出哪些行政治理区域是良政善策，哪些行政治理区域是邪政恶策。这样，所有数字化身就有了可供自由选择的标准和方向，元宇宙才不至于混乱和无序发展。

正如本书第 2 章指出的那样，区块链技术性能评估至少应该包括三方面，也就是所谓的不可能三角指数：去中心化指数，可扩展性指数，安全性指数。每个指数都可以写成一本著作，建立一个计算分析评估平台，我们将在今后的工作中尽快推出其他区块链技术性能评估指数。此外，区块链网络的能耗指数也是一个值得研究的问题，通过折算成每笔交易的耗电量或每 kWh 电量实现的交易数，再折算成 CO_2e 排放当量就可以与双碳经济指数关联起来，有助于以区块链网络为基础的数字经济全球碳中和指标的精确估算和公平交易，提高可再生能源的供应比例，优化数字经济的能源结构，实现零排放的绿色新型数字经济。

事实上，目前存在两类区块链分析业务。一类是公链链上数据、原生加密货币及其衍生数字资产分析，提供区块链浏览器、公链挖矿难度、区块奖励、活跃地址、链上交易数量、平均确认时间、富豪榜等基础数据，提供公链、NFT、DeFi、GameFi、稳定币等各种图表指标，可通过会员方式查询某一范围的持币地址、交易所余额、矿工余额，等等。另一类是为市场监管和维护消费者权益提供匿名交易溯源的侦查分析服务。虽然去中心化指数计算属于区块链链上数据分析，但去中心化指数是一个区块链网络原创性技术分析指标，全球已有的区块链数据分析网站与公司还没有提供这类综合性技术性能评估服务。

区块链网络链上数据分析网站可以分成两类。

一类是综合类数据分析网站，可提供多条公链数据的分析服务，如 Glassnode、CoinMetrics、Tokenview、OKLink、BitInfoChart、Blockchair 以及 ByteTree 等分析网站。blockchain 网站是最早的区块链链上数据及加密货币分析网站，最初仅提供比特币网络的数据分析和浏览器，现在也发展成为综合性公链数据分析网站，包括浏览器、钱包、交易所以及机构市场等服务。

另一类是单一公链链上数据分析网站，包括链上开发的各类数字衍生资产分析及其服务，这类分析网站很多。比如，专注以太坊数据分析的有 Etherscan、Nansen、ETH GAS STATION、Watch the Burn、MEV-Explore、CryptoFees 和 layer 2-Optimistic 等网站。专注 DApp 综合数据分析的有 Dune Analytics、Token Terminal、Dapp Review、DappRadar、DAppTotal、State of the DApps、The Graph 和 DAppBoard 等网站。专注 NFT 数据分析的有 OpenSea、NFTSCAN、Makersplace、NonFungible、CryptoSlam、CryptoArt、NFTCalendar 和 NFTGO 等网站。此外,还存在诸如 CoinMarketCap、CoinGecko、DEXTools、TradingView 和 dcaBTC 等行情数据分析网站；Dove Metrics、CryptoRank、ICO Drops、Chain Broker 和 Crunchbase 等融资数据分析网站；DefiLlama、Coinowo、Earnfi 和 DropsEarn 等空投数据分析网站；BTC.com、f2pool、CBECI、1ML、Digicomomist、BitcoinVisuals、51%攻击、MasterNodes 和 BITNODES 等矿业数据分析网站,以及其他可提供加密资产行业市场情报与区块链社区行为分析的专业网站。

特别说明：本书涉及的区块链数据来源截止于 2022 年 4 月；所有信息仅供科学研究参考,如果涉及偏离国内政策、方针等的,或者出现与国内法律相悖的内容,请批判性对待；基于数据来源的分析,应遵循科学研究的基本原则,理性认识,并合法合规合理利用。

基于区块链网络数据分析的区块链取证是一门大生意,方兴未艾,已经形成了一个竞争激烈的技术市场。通过与合规调查公司合作,数字加密货币交易所可以跟踪其客户的资金来源。主要的区块链取证公司有以下 8 家,包括 Chainalysis、Elliptic、Blockseer、Ciphertrace、Scorechain、Neutrino、Crystal 和 Blockchain Intel。

Chainalysis 是区块链数据分析取证领域最出名的一家企业,可以提供众多的数据服务,包括丢失的数字货币、数字货币持有模式等等,主要服务范围包括：数字货币用户报告、数字加密货币相关行为、检测来自暗网的可疑行为与可能出现的威胁等等。

Elliptic 是最早成立的区块链数据分析取证企业,可以识别比特币、以太坊以及其他数字加密货币的非法行为,并为数字货币企业、金融机构和政府提供可行动的情报信息。

Blockseer 致力于减少数字加密货币领域的混乱和无序,增进对公链网络的了解。

Ciphertrace 的目标是让企业和政府更安全可信地利用数字加密货币,帮助执法机构跟踪暗网的数字货币资金流动。

Scorechain 提供数字货币用户如何获取并消费比特币的数据报告,支持数字货币企业调整其销售和市场策略。

Neutrino 以图形化界面提供跟踪数字货币流动以及与交易所交互行为的服务,该公司已经被 Coinbase 收购。

Crystal 致力于监控区块链，评估区块链用户并将其与已知的坏人比较，不过目前尚不清楚 Crystal 如何定义坏人。

Blockchain Intel 致力于成为区块链的气象学家，针对具体实体、地址或交易提供危险评估 API，客户可自定义危险评估方法和咨询方案，可分批或实时提供评估报告。

从世界加密经济生态中涌现出来的众多区块链数据分析网站和公司来看，一些加密经济学研究与产业发展生态是比较健康的。这些区块链数据分析公司可以为行业提供专业而又能相互验证的行为监督、事件溯源、价值评估、市场导向、技术服务和政策咨询，是确保加密经济健康发展的生态中一个不可缺少的组成部分。此外，在加密经济生态的发展中，一些学术研究、技术研发、行业监管政策与投融资环境能够坚持市场导向和问题导向。

我国加密经济产业原本与国外站在同一起跑线，有时甚至一度领跑世界加密经济创新潮流。加密经济建设本应该首先以建设公链经济与技术生态为主，然后通过联盟链和企业私链建设扩展整个加密经济圈，而不是先建立众多的互不链通的联盟链和企业私链。从机制设计理论的角度来看，区块链可以视为一类可实施的可变机制设计模板，我们可以使用完整合约语言创建模拟市场，模拟有机环境以激发特定的集体目标。发展加密经济主要依靠公链，自由加入的平等公有链节点可以产生李嘉图租金，公链节点越多，公有链网络不仅能够提供更大的李嘉图租金总量，还能提供更多创造熊彼得租金的机会。联盟链的共识节点有限，而联盟链的用户即使再多也不能提供李嘉图租金，因此，数量有限的联盟链共识节点不能提供具有竞争力的李嘉图租金，也不利于创造更多的熊彼得租金。

此外，独立的互不链通的联盟链和企业私链如何获得来自市场内部的同行监督与评估，也是一个问题。这些涉及公有链与联盟链在新型数字经济中的价值创造能力的评估问题，目前整个行业都是模糊不清的，不存在科学、客观、定量的评估标准。去中心化指数作为评估加密经济系统的基本网络特征的第一个综合性技术指标，就是起到一个抛砖引玉的作用，希望这个指数在指导加密经济发挥正确导向作用的同时，能够激发整个行业发展更多的区块链技术性能定量评估指标和工具，监督行业有序发展。

最后，作为本书著者代表，我撰写后记，应该在这里特别介绍我和本书作者之一陆寿鹏的合作关系。我们一直在与中南大学区块链研究中心共同主办每周一次的区块链前沿技术研讨班(线上或线下)，陆寿鹏同学作为中南大学数学与统计学院侯木舟教授2020

级的硕士生，也是研讨班的积极参与者。陆寿鹏同学具有很好的学术理解能力与表达能力，本科期间还有过两年兵役的服役经历，具有一定的软件工程开发经验与能力。陆寿鹏同学先后探索了几个区块链技术研究方向，正在他选择硕士学位论文研究方向的时候，我与他谈及区块链网络去中心化指数的计算问题，便很快引起了他的兴趣。我们通过一个月左右时间的线上问答沟通，便开始了具体的去中心化指数与相关性分析计算。陆寿鹏同学在研究过程中所体现的研究激情、问题提炼与解决能力和综合素质，在我二十几年研究生培养历程中都是比较突出的一位学员，而在数学学院的研究生中更是罕见的多面手！尤其难能可贵的是，陆寿鹏同学还具有强烈的创业激情和愿望，而且踏实可干，人品可嘉！我们师生之间可谓同声相应，同气相求，斯世当以同怀视之。真应了教育界那句老话：招到好的研究生是要靠运气的！希望陆寿鹏同学能够以去中心化指数作为人生事业的起点，万丈高楼平地起，谦虚谨慎，再接再厉。

是为记！

2022 年 3 月 10 日

长沙开福区 德峰小区

反侵权盗版声明

电子工业出版社依法对本作品享有专有出版权。任何未经权利人书面许可，复制、销售或通过信息网络传播本作品的行为；歪曲、篡改、剽窃本作品的行为，均违反《中华人民共和国著作权法》，其行为人应承担相应的民事责任和行政责任，构成犯罪的，将被依法追究刑事责任。

为了维护市场秩序，保护权利人的合法权益，我社将依法查处和打击侵权盗版的单位和个人。欢迎社会各界人士积极举报侵权盗版行为，本社将奖励举报有功人员，并保证举报人的信息不被泄露。

举报电话：（010）88254396；（010）88258888
传　　真：（010）88254397
E-mail：dbqq@phei.com.cn
通信地址：北京市万寿路173信箱
　　　　　电子工业出版社总编办公室
邮　　编：100036